Mata Prasad
T.P Singh
Sutanu Maji

Desempenho de cultivares de cebola(Allium cepa L.) como cultura kharif

Mata Prasad
T.P Singh
Sutanu Maji

Desempenho de cultivares de cebola(Allium cepa L.) como cultura kharif

Cultivares como cultura de kharif em diferentes datas de transplante

ScienciaScripts

Cover image: www.ingimage.com

This book is a translation from the original published under ISBN 978-620-8-11946-1.

Publisher:
Sciencia Scripts
is a trademark of
Dodo Books Indian Ocean Ltd. and OmniScriptum S.R.L publishing group

120 High Road, East Finchley, London, N2 9ED, United Kingdom
Str. Armeneasca 28/1, office 1, Chisinau MD-2012, Republic of Moldova, Europe
Printed at: see last page
ISBN: 978-620-8-35145-8

Conteúdo

Capítulo I

INTRODUÇÃO

A cebola (*Allium cepa* L.) é uma das mais importantes culturas comerciais de bolbos de legumes cultivada extensivamente na Índia e pertence à família Alliaceae, com o número de cromossomas 16 (2n = 2 x = 16). É uma das culturas mais importantes da época rabi na Índia e no mundo. É uma cultura hortícola de bolbo utilizada na dieta diária das pessoas em todo o mundo. A Índia ocupa o segundo lugar em termos de área e produção de cebola, seguida da China. Na Índia, os principais Estados produtores de cebola são Maharashtra, Karnataka, Madhya Pradesh, Bihar e Gujarat. A cebola é cultivada numa área de 1320130 hectares, com uma produção de 20931250 MT e uma produtividade de 15,86 toneladas/ha na Índia. No Uttar Pradesh, é cultivada numa área de cerca de 24,96 ha, com uma produção de 422,75 MT e uma produtividade de 16,94 toneladas/ha. A área máxima (433,46 ha) e a produção (6510,86 MT) situam-se no estado de Maharashtra. O Karnataka ocupa o segundo lugar, com uma área de 207,15 ha e uma produção de 5331,59 MT. A produtividade máxima de 25,48 MT/ha registada em Gujarat, depois de 24,09 MT/ha em Madhya Pradesh e 16,94 MT/ha em Uttar Pradesh **(Anon., 2019)**. O atual nível de produtividade da cebola do país é muito baixo em comparação com grandes produtores como os EUA, China, Países Baixos e Coreia do Sul. A cultura da cebola pode gerar rendimentos para o agricultor e pode ser exportada para obter as divisas necessárias a muitos países em desenvolvimento. As estatísticas disponíveis indicam que cerca de 30% da produção mundial de cebola é produzida em países tropicais numa área estimada em cerca de 0,9 milhões de hectares. As folhas da cebola são tubulares e os bolbos são formados pela fixação das bases das folhas inchadas à parte subterrânea do caule, que é pequena e rudimentar. As flores são produzidas durante a segunda fase após a formação dos bolbos. A estrutura de floração é chamada umbela, que é um agregado de muitas inflorescências pequenas (cimas) de 5-10 flores. O comprimento do pedúnculo, vulgarmente conhecido como escapo, varia consoante a variedade, embora as flores individuais sejam hermafroditas, são polinizadas cruzadamente devido à protandria. A polinização cruzada é conseguida pelas abelhas melíferas quando visitam as flores em busca de néctar. O estigma torna-se recetivo 3-4 dias após a queda dos grãos de pólen. A autofecundação artificial é efectuada cobrindo todas as umbelas de uma planta em conjunto e agitando-as ou esfregando-as umas nas outras ou introduzindo moscas. A cebola é apreciada pelos seus bolbos com odor, sabor e pungência caraterísticos, que se devem à presença de um óleo volátil - dissulfureto de alil-propilo. A pungência é formada por uma reação enzimática quando os tecidos são quebrados. Os bolbos são adequados para armazenamento durante um longo período e para transporte a longa distância. A cebola é uma cultura de crescimento lento, de raízes pouco profundas, com folhas estreitas e erectas e um hábito não ramificado. Normalmente, deve ser mantida uma concentração bastante elevada de nutrientes à superfície do solo para que o seu crescimento e rendimento sejam óptimos **(Anon., 2012)**. O bolbo de cebola é rico em minerais como o fósforo (50 mg / 100 g) e o cálcio (180 mg / 100 g). São relatadas muitas utilizações medicinais para os bolbos, sendo normalmente utilizados como diuréticos e aplicados em feridas e furúnculos. As cebolas verdes são também utilizadas quando a cultura é colhida na espessura de um lápis e quando se formam pequenos bolbos. A cebola torna-se uma importante cultura comercial, com maior procura e preço de mercado, devido aos seus valores culinários, dietéticos e medicinais. O óleo de cebola, que é extraído por destilação a vapor, é utilizado para aromatizar. Recentemente, tem-se verificado uma maior procura de produtos desidratados para utilização principalmente na indústria alimentar, enquanto que, em alguns casos, as cebolas podem ser dadas como alimento ao gado, mas isso pode resultar em leite contaminado. As cebolas também têm um lugar no folclore de muitos países e os seus extractos têm propriedades antibacterianas **(Anon., 1985)**.

A produção de cebola *da kharif* tem várias vantagens, ou seja, aumenta a produção total por ano para satisfazer a procura de cebola fresca no mercado. A cebola kharif oferece um preço elevado em comparação com a cebola da estação rabi. Existem muito poucas variedades que são conhecidas pelos agricultores como variedades *kharif.* Embora existam muitas variedades de cebola disponíveis no mercado local, o seu desempenho não foi testado nas condições de Lucknow e existe uma grande confusão quanto à seleção da variedade certa de cebola para a estação *Kharif.* Devido à falta de conhecimentos técnicos sobre este aspeto, os produtores de cebola destas regiões estão a sofrer muito, não só devido à baixa produção de bolbos, mas também devido a problemas de manutenção da qualidade dos bolbos na época *da Quaresma.* Além disso, a cultura tradicional de rabi (estação de inverno), a cultura *de kharif* (estação das chuvas) e a cultura *de kharif* tardia estão agora a ser cultivadas com êxito nas regiões norte e leste do país, o que revolucionou a produção e a comercialização da cebola no país. A cultura *rabi* colhida em abril-maio é armazenada em todo o país e lentamente disponibilizada para abastecimento interno, bem como para exportação, até setembro-outubro. De outubro a março, a oferta de cebolas no país sofre um défice crítico e, consequentemente, os preços sobem. Uma boa colheita na estação *da colheita* pode colmatar a diferença entre a procura e a oferta de cebolas durante este período de escassez. Além disso, a produção de cebolas durante a estação *da colheita* constitui uma boa alternativa para os agricultores obterem rendimentos mais elevados.

Tendo em conta os aspectos acima referidos, o presente estudo, intitulado **"Desempenho de cultivares de cebola *(Allium cepa* L.) como cultura *de kharif* em diferentes datas de transplantação"**, foi realizado com os seguintes objectivos

Objectivos do estudo

1. Determinar o efeito de diferentes datas de transplante no crescimento vegetativo de cultivares de cebola.
2. Estudar a resposta da produção de cultivares de cebola em diferentes datas de transplante.
3. Avaliar os parâmetros de qualidade de cultivares de cebola influenciados por diferentes datas de transplante.
4. Calcular os aspectos económicos da produção de cebola *da campanha.*

Capítulo II

REVISÃO DA LITERATURA

A revisão da literatura obtida durante a investigação intitulada **"Desempenho de cultivares de cebola (*Allium cepa* L.) como cultura *de kharif* em diferentes datas de transplantação"** foi efectuada para avaliar o programa de utilização de diferentes datas de transplantação, independentemente e em combinação. A literatura relativa ao tema do estudo foi revista no presente capítulo para referência, a fim de tirar conclusões adequadas das observações registadas.

2.1 Efeito das datas de plantação no crescimento vegetativo da cebola:

Singh e Singh (2000) estudaram o efeito de diferentes datas de plantação (21st agosto, 1st setembro e 11th setembro) sobre o crescimento e os caracteres de rendimento da cultivar de cebola (N-53) durante a estação *da colheita* em Agra, Uttar Pradesh. Obtiveram o rendimento bruto máximo e o rendimento comercializável dos bolbos com uma data de plantação precoce, ou seja, 21st agosto.

Sharma *et al.* (2009) estudaram a data óptima de plantação da cebola *kharif* nas condições de Himachal Pradesh. Plantaram Agrifound Dark Red, uma variedade conhecida de cebola *kharif*, em cinco datas diferentes (1st julho, 16th julho, 1st agosto, 16th agosto e 1st setembro). A altura mais elevada das plantas, o número máximo de folhas e o diâmetro polar máximo dos bolbos foram observados na plantação de 1st de agosto, enquanto o peso médio dos bolbos e a produção total de bolbos comercializáveis foram máximos na plantação de 16th de agosto. No entanto, um maior atraso na plantação até 1st de setembro resultou num declínio significativo na produção de bolbos.

Nayee *et al.* (2010) realizaram uma experiência para investigar o efeito de datas de plantação variadas no rendimento e na qualidade da cebola *kharif* cv. Agrifound Dark Red nas condições de Gujarat. Das três datas de plantação (10th , 20th e 30th julho), a maior população de plantas foi encontrada na plantação de 30th julho, enquanto a altura máxima da planta e a espessura do colo da planta foram registadas na plantação de 20th julho.

Khodadadi (2012) observou um efeito significativo da data de plantação na emergência das plantas, altura final da planta e rendimento de sementes por hectare na cebola. Relataram que 6th A plantação em novembro, com um tamanho de bolbo-mãe de 65 a 80 mm, registou um rendimento máximo de sementes/ha.

Bosekeng e Coetzer (2013) estudaram a resposta de diferentes cultivares de cebola a várias datas de sementeira. Relataram que as cultivares diferiam no que diz respeito ao tamanho do bolbo de crescimento, ao diâmetro do colo e ao aparafusamento devido à sua diferença de genótipo, no entanto, não diferiam no peso da massa fresca do bolbo e no rendimento. A data de sementeira não influenciou significativamente o crescimento das plantas. O estudo sobre o efeito da época de plantação no rendimento da variedade de cebola Agrifound Dark Red na época de *colheita* em Nasik revelou que 20th A plantação de agosto deu um rendimento mais elevado de bolbos devido a um índice de colheita mais elevado (NHRDF, 2013).

Das *et al.* (2015) sugeriram a plantação de cultivares de cebola *kharif* entre a segunda semana de agosto e a segunda semana de setembro nas planícies gangéticas de Bengala Ocidental.

Patil *et al.* (2016a) preconizaram a plantação de cebolas de tamanho 1,6-2,0 cm a 15th de junho para obter o máximo rendimento total da cultivar de cebola *kharif* Baswant-780 como produção precoce. No que diz respeito à produção de bolbos comercializáveis, a plantação em 1st de julho com um tamanho de 1,6 a 2,0 cm foi recomendada para obter a produção máxima.

2.2 Efeito das datas de plantação no rendimento da cebola:

Masthanareddy e Sulikeri (1998) avaliaram cinco variedades de cebola durante o verão em Karnataka. Registaram um número de folhas significativamente mais elevado na Arka Pragathi. Por outro lado, a cultivar N 53 registou uma produção de bolbos significativamente mais elevada do que a Arka Pragathi e a Arka Kalyan.

Rajalingam e Haripriya (2000) afirmaram que as componentes do rendimento, incluindo a altura da planta, o comprimento da folha, a largura da folha, o número de folhas, o peso da planta e o número de bolbos, o comprimento do bolbo, o diâmetro do bolbo e o volume do bolbo, apresentavam uma associação positiva significativa com o rendimento. A análise do coeficiente de caminho indicou que a altura da planta, a largura da folha, o peso da planta, o comprimento do bolbo, o índice de forma, os dias até à maturidade e o índice de colheita tiveram um efeito positivo direto no rendimento. Mohanty e Prusty (2001) sugeriram as cultivares de cebola Arka Nikeatn e Pusa Madhavi para cultivo em grande escala na estação *kharif* nas condições de Odisha, tendo em conta o seu rendimento mais elevado, melhor qualidade de armazenamento e bolbo médio.

Mohanty e Prusty (2002) também avaliaram doze variedades de cebola nas condições de Odisha. Referiram que o rendimento mais elevado foi obtido com a variedade N 53, a par da Arka Kalyan, da Agrifound Dark Red e da Arka Niketan, enquanto o rendimento moderado foi obtido com a Agrifound Light Red e a Pusa Madhavi. Recomendaram N 53, Arka Kalyan e Agrifound Dark Red para cultivo na estação das chuvas e o resto na estação do inverno. A experiência mostrou as possibilidades de cultivar as variedades *rabi* durante a estação *kharif*, uma vez que produzem bolbos igualmente em ambas as estações. A variedade Arka Niketan, que apresenta melhor qualidade de conservação, bolbos médios e maior rendimento, foi também recomendada para cultivo comercial na estação das chuvas.

Gautam *et al.* (2006) observaram um efeito significativo das datas de transplante na altura da planta, no estande da planta na maturidade e na produção de bolbos comercializáveis de cebola. A planta mais longa e a maior produção de bolbos foram observadas na data de transplante de 15th de agosto. De quatro datas de transplante (25th julho, 5th agosto, 15th agosto e 25th agosto), recomendaram 15th agosto como a melhor altura para o transplante de plântulas.

Supe *et al.* (2008) avaliaram oito genótipos de cebola na estação *rangda* (*Late kharif*) nas condições de Nasik. Entre os diferentes genótipos, registaram o excelente desempenho do genótipo S-1 em termos de rendimento de bolbos/ha.

Das (2008) estudou o efeito da idade das plântulas e das cultivares no rendimento da cebola durante a estação *kharif* em Keonjhar. Observou que a cultivar Nasik Red produzia a produção máxima de bolbos quando as plântulas eram plantadas com 45 dias de idade.

Sharma (2009) avaliou diferentes cultivares de cebola durante a época *da colheita da safra* na sub-montanha baixa de Himachal Pradesh e registou Baswant-780 como o rendimento máximo seguido de Agrifound Dark Red e N-53.

Giri *et al.* (2009) estudaram o desempenho de diferentes cultivares de cebola durante a época de *kharif* nas planícies da nova zona aluvial de Bengala Ocidental. Referiram que Agrifound Dark Red, Baswant-780 e N53 apresentavam melhores potencialidades. Obtiveram a maior produção de bolbos com a Agrifound Dark Red, seguida da Baswant-780. Apoiaram igualmente as potencialidades da cebola *para a época da colheita* no Estado, nomeadamente na nova zona aluvial, vermelha e laterítica de Bengala Ocidental.

Singh *et al.* (2011) efectuaram uma investigação para estudar a variabilidade genética no germoplasma de cebola da *colheita* tardia em Nashik, Maharashtra. Observaram que existia uma ampla gama de variabilidade no rendimento bruto (19,65 a 41,17 t/ha), no rendimento comercializável (10,05 a 39,13 t/ha) e na altura das plantas (54,95 a 71,80 cm). Também observaram uma correlação significativa e positiva no rendimento comercializável com a altura da planta, espessura do colo, diâmetro do bolbo, índice de tamanho do bolbo, peso de 20 bolbos e rendimento bruto a nível genotípico e fenotípico. No entanto, foi encontrada uma correlação negativa no rendimento comercializável com bolbos, duplos e dias para a iniciação do bolbo a nível genotípico e fenotípico, relataram. A experiência revelou que existe uma ampla margem para o desenvolvimento de cultivares melhoradas de cebola adequadas às condições de Maharashtra, uma vez que o germoplasma apresentava uma vasta gama de variabilidade para caracteres importantes.

Sharma (2012) estudou o efeito da geometria de plantação no crescimento e rendimento da cebola *kharif* (*Allium cepa* L.) nas condições de Madhya Pradesh. Concluiu que, entre as quatro variedades testadas, a Agrifound Dark Red era a melhor variedade, seguida da Bhima Super, no que respeita ao crescimento e ao rendimento.

Patil *et al.* (2012) referiram que a data de transplante teve um efeito significativo no rendimento da cebola nas condições de Maharashtra. Observaram que a cultivar 'JWO807' deu o maior rendimento de bolbos quando transplantada a 15th de novembro.

Kandil *et al.* (2013) opinaram que a determinação da data adequada de plantação é muito importante para obter o rendimento máximo de bolbos e a qualidade desejável da cebola.

Ketema *et al.* (2013) observaram um efeito significativo de diferentes métodos de plantação na maturidade e na produção de bolbos secos de cebola em duas épocas diferentes em 2008/09. Foram recolhidos dados sobre dias até à maturidade, rendimento de bolbo seco, peso do bolbo e diâmetro do bolbo. Os métodos de plantação e as cultivares apresentaram diferenças estatisticamente significativas ($P<0,01$) tanto para a precocidade como para a produção de bolbos secos. No entanto, a sua interação não foi significativa. O plantio em canteiros resultou em maior rendimento (39,1 t/ha) seguido de transplantes (36,3 t/ha) e semeadura direta (19,5 t/ha). A cultivar 'Bombay Red' (33,3 t ha-1) deu um rendimento significativamente mais elevado do que 'Adama Red' (31,1 t/ha) e 'Nasik Red' (30,2 t /ha). A maturação das plantas foi mais precoce (94 dias) do que a dos transplantes (104 dias) e a da sementeira direta (135 dias).

O resultado global indicou que, para além da prática atual de transplantação, o estabelecimento da cebola a partir do pé pode também ser uma boa opção para a produção de bolbos secos nas zonas do Vale do Rift Central da Etiópia, onde a precocidade e o rendimento elevado são parâmetros importantes considerados pelos produtores de cebola.

Ashok *et al.* (2013) realizaram uma experiência com dez variedades/linhas de cebola. Registaram diferenças significativas nos parâmetros de crescimento e rendimento entre as variedades/linhas e observaram que a Early Grano apresentava o rendimento mais elevado.

Mohanta e Mandal (2014) observaram diferenças significativas nos parâmetros de crescimento e rendimento da cebola com diferentes datas de plantação (15th e 30th agosto e 15th e 30th setembro) na quinta de horticultura do Instituto de Agricultura, Visva-Bharati, Sriniketan (Bengala Ocidental). Registou-se um aumento do valor dos parâmetros de crescimento e rendimento da cebola à medida que as datas de plantação avançavam de agosto para setembro. O rendimento mais elevado foi obtido na plantação de 30th de setembro.

Tripathy *et al.* (2014) avaliaram vinte e duas cultivares de cebola durante a estação *kharif* nas condições de Odisha. Observaram que a VG-18, a Bhima Super, a NRCRO-3, a VG-19, a RO-282 e a HOS 4 produziam bolbos com mais de 70 gm. Na cultura comercial da cebola, o rendimento comercializável dos bolbos desempenha um papel vital em relação ao rendimento total dos bolbos. Os autores registaram que as cultivares NRCWO-3, Bhima Red, NRCWO-4, NRCWO-2 e NRCWO-1 produziram um rendimento total e comercializável de bolbos superior a 200 q/ha. No entanto, a Bhima Super e a NRCRO-3 registaram apenas um rendimento total de bolbos superior a 200 q/ha. Na cebola, a espessura do colo dos bolbos colhidos desempenha um papel fundamental no tempo de conservação e na taxa de apodrecimento em condições de armazenamento. Normalmente, os bolbos com colo relativamente fino têm melhor tempo de armazenamento do que os bolbos com colo grosso. Os autores referem que o VG-19 registou uma espessura de colo significativamente mínima, ao mesmo nível que o NRCRO-1, o NRCRO-4, o VG-18, o Col 652, o HOS-4 e o Pusa White Round. A cebola, sendo basicamente uma cultura de inverno e quando cultivada durante a *kharif* ou *a kharif tardia*, a cultura está exposta a condições climáticas adversas e funciona como uma cultura fora de época. Por conseguinte, a percentagem de estabelecimento das plantas também é considerada um fator importante para selecionar as cultivares adequadas para o cultivo fora de época. Os autores referiram que as cultivares NRCWO-3, Bhima Super, NRCWO-1, NRCWO-2, NRCWO-4 e VG-19, que apresentam mais de 80% de estabelecimento das plantas, teriam sem dúvida um melhor desempenho durante a época *da kharif* e *da kharif tardia.*

Mohanta e Mandal (2014) observaram diferenças significativas nos parâmetros de crescimento e rendimento da cebola com diferentes cultivares (Agrifound Dark Red, Arka Kalyan, Arka Niketan, Indam Marshal e Red Stone) na época *da colheita,* na quinta de horticultura do Instituto de Agricultura,

Visva-Bharati, Sriniketan (Bengala Ocidental). Registaram o rendimento mais elevado na Agrifound Dark Red e sugeriram que a cultivar fosse cultivada na época da colheita na cintura laterítica de Bengala Ocidental.

Jatav (2014) estudou o efeito do espaçamento e das variedades no crescimento e no rendimento da cebola *da colheita tardia* (*Allium cepa* L.) nas condições de Gwalior. Verificou que a Agrifound Dark Red apresentava uma altura de planta e um número de folhas significativamente máximos, ao mesmo nível que a Bhima Super. O Agrifound Dark Red também registou o maior rendimento total de bolbos por hectare, seguido do Bhima Super e do Bhima Red, relatou.

Utagi *et al.* (2015) recomendaram as cultivares como Bhima Super, Bhima Red e Bhima Shakti para uma cultura rentável na zona seca central de Karnataka. Estas cultivares produziram atributos de rendimento mais elevados, bem como rendimento, relataram.

Prasad *et al.* (2016) observaram que, entre vinte e três cultivares de cebola, a Bhima Raj manteve a sua superioridade sobre todas as outras variedades durante o final da estação kharif em relação ao crescimento, rendimento e qualidade da cebola na zona seca central de Karnataka. Num estudo de desempenho com dez variedades diferentes de cebola kharif.

Kumar *et al.* (2016) obtiveram maior rendimento da variedade de cebola NHRDF Red durante a estação *rabi* quando plantada durante a primeira quinzena de dezembro em Haryana.

Rajpurohit (2016) observou que a variedade de cebola Agrifound Dark Red respondeu bem em termos de crescimento, parâmetros analíticos de crescimento e rendimento. Recomendou a variedade para a produção comercial de cebola nas condições do planalto de Malwa durante a estação *kharif.* A cebola é muito sensível à temperatura e ao fotoperíodo. O desempenho da cultivar e a data de plantação desempenham um papel importante na seleção de genótipos para melhoria do rendimento e adaptação a condições ambientais específicas.

Prasad *et al.* (2017) revelaram que houve efeitos significativos de todos os tratamentos no crescimento vegetativo, rendimento e atributos de qualidade da cebola. A altura da planta (65,34 cm), o número de folhas por planta (8,89), o comprimento das folhas (56,07 cm), a espessura do colo (18,75 mm), o rendimento (5,166 kg/parcela e 387,46 q/ha) foram máximos em 1st plantação de dezembro com cobertura de palha de trigo (T7). O bulbo de melhor qualidade em relação à espessura máxima do pescoço (12,35 mm), diâmetro basal (13,61 mm), diâmetro do bulbo (54,41 mm polar e 64,15 mm equatorial), comprimento do bulbo (65,17 mm), número de escamas por bulbo (9,24), umidade do bulbo (85.06 %) T.S.S. (13.84^{o} Brix), ácido ascórbico (10.47 mg/100g), açúcares totais (10.39 %) etc. também foram obtidos quando a cobertura morta foi feita com palha de trigo e transplantada em 1 de dezembro, seguida (plantada em 1st dezembro e cobertura morta com casca de arroz). O estudo concluiu claramente que i.), a cobertura morta é boa para a produção de cebola, o transplante tardio em 30th de dezembro mostrou um desempenho muito fraco, independentemente da cobertura morta e i transplante em 1st de dezembro e cobertura morta com palha de trigo foi a melhor combinação para obter um rendimento de cebola de boa qualidade.

Sharma e Jarial (2017) registaram diferenças significativas na altura das plantas e na produção de bolbos entre quatro cultivares de cebola (N-53, Nasik Red, Agrifound Dark Red e Agrifound Light Red) em condições de baixa altitude em Himachal Pradesh. Observaram uma altura máxima das plantas na cultivar Nasik Red, seguida da Agrifound Dark Red, que foi estatisticamente igual. A maior produção média de bolbos foi observada na cultivar Agrifound Dark Red, como relataram.

Santra *et al.* (2017) avaliaram dez genótipos de cebola durante a estação *kharif* em dois locais, Kalyani e Bankura de Bengala Ocidental, Índia. Observaram diferenças significativas entre os genótipos para todas as caraterísticas. Os desempenhos médios agrupados mostraram que a Agrifound Dark Red tinha a maior altura de planta, o peso médio máximo do bolbo, o rendimento total máximo do bolbo e o maior rendimento comercializável do bolbo. Também referiram que o Agrifound Dark Red e o Gota apresentaram um rendimento total elevado em ambos os locais, Kalyani e Bankura de Bengala Ocidental.

Sharma e Jarial (2017) estudaram o efeito das datas de plantação com quatro cultivares de cebola em condições de baixa altitude em Himachal Pradesh, em seis datas de plantação com um intervalo de dez dias, a partir de 5th julho a 25th agosto. Registaram uma diminuição contínua da altura das plantas com o atraso da plantação. A data de plantação também teve um efeito significativo no rendimento dos bolbos. O rendimento médio mais elevado foi obtido na plantação de 25th de julho.

Rugi (2017) estudou o efeito das variedades e datas de transplante no crescimento, rendimento e qualidade da cebola *kharif* (*Allium cepa* L.) em condições de Madhya Pradesh. Ele relatou que, entre duas datas de transplante (10th e 25th agosto), 25th agosto provou ser o melhor para o crescimento, rendimento e retornos económicos.

Rugi (2017) estudou o efeito das variedades e das datas de transplantação no crescimento, rendimento e qualidade da cebola *kharif* (*Allium cepa* L.) em condições de Madhya Pradesh. Ele relatou que, entre as diferentes variedades testadas (Agrifound Dark Red, Arka Kalyan, Arka Bheem, Bhima Red, Bhima Raj, Bhima Super, Bhima Dark Red e Bhima Shubhra), a Agrifound Dark Red foi superior no que diz respeito a atributos de crescimento mais elevados, maior rendimento de bolbos e atributos de rendimento, bem como qualidade, seguidos pela variedade Bhima Shubhra, Bhima Super e Bhima Red, que estavam a par entre si.

Abou Khadrah *et al.* (2017) sugeriram o transplante de cebola a 15th de dezembro em sulcos largos, mantendo a densidade de plantas de 45 plantas/m^2 para obter o máximo rendimento económico no Delta Norte do Egito.

Rugi *et al.* (2018) relataram que o peso fresco e seco dos rebentos aumentou até aos 90 DAT, seguido de uma redução na colheita. Por outro lado, o peso fresco e seco do bolbo aumentou até à colheita, independentemente dos vários tratamentos. Verificou-se um efeito significativo das datas de transplante em todos os parâmetros estudados. A data de transplante D2 (25th agosto) registou o peso fresco máximo do rebento, o peso seco do rebento, o peso fresco do bolbo, o peso seco do bolbo, o peso médio do bolbo, a produção de bolbos comercializáveis, o aparafusamento e a relação B:C. Entre as variedades, a V8 (Agrifound Dark Red) registou o máximo peso fresco e peso seco do rebento, peso fresco e peso seco do bolbo, peso médio do bolbo, rendimento do bolbo comercializável e relação B:C. O efeito combinado do tratamento D2V7 (Bhima Shubhra com transplante a 25 de agosto) registou o peso fresco e o peso seco máximos do rebento, o peso fresco e o peso seco do bolbo, o peso médio do bolbo, a produção de bolbos comercializáveis e a relação B:C.

Walle *et al.* (2018) verificaram diferenças significativas na altura da planta e no comprimento da folha na maturidade, percentagem de aparafusamento, pesos frescos e secos dos rebentos, peso dos bolbos comercializáveis e totais, rendimentos biológicos de matéria fresca e seca, pesos médios frescos e secos dos bolbos e diâmetro do colo devido aos efeitos principais da cultivar e da densidade populacional. As cultivares tiveram efeitos principais significativos no índice de colheita, dias até à maturidade e rendimento de biomassa. A Bombay Red foi considerada superior à Adama Red na maioria dos parâmetros medidos. Da mesma forma, os efeitos principais da densidade populacional de plantas tiveram influências significativas no número de folhas por planta, no número de bolbos comercializáveis e na percentagem de matéria seca. A maior densidade populacional de plantas (200 plantas m-2) resultou nos maiores pesos de bolbos comercializáveis (47540 kg ha-1), rendimento total de bolbos (51137,2 kg ha-1), e o menor peso fresco de bolbos (45,89 g). Além disso, sugere-se a realização de pesquisas adicionais sobre as cultivares durante mais épocas e em diferentes condições agro-ecológicas para se chegar a uma recomendação conclusiva.

Misu *et al.* (2018) observaram uma influência significativa de diferentes variedades (BARI Piaj- 1, BARI Piaj-4 e Taherpuri) nas condições do Bangladesh. Relataram que o maior rendimento foi obtido com a variedade BARI Piaj-4.

2.3 Efeito das datas de plantação nas caraterísticas morfológicas da cebola:

Dev *et al.* (2005) efectuaram um estudo para normalizar a época de plantação da cebola *kharif* nas colinas baixas de Himachal Pradesh. As plântulas da cultivar de cebola N-53 foram transplantadas em cinco datas, com um intervalo de 15 dias, de 1st de julho a 1st de setembro. Obtiveram a produção máxima de bolbos na plantação de 16 de julho. Observaram que o atraso na plantação reduziu acentuadamente a produção de bolbos. No entanto, a cultura plantada mais cedo por uma quinzena, *ou* seja, em 1st de julho, apresentou menores reduções. Observaram também uma tendência semelhante para o peso dos bolbos. Foi também registada uma diminuição contínua da altura das plantas com cada atraso na plantação. Revisão da literatura 6 Numa experiência no local de investigação agro-ecológica (local AER) da Estação Regional de Investigação Agrícola, Lumle, em Deurali em Palpa, Nepal, durante a estação das chuvas.

Mahanthesh *et al.* (2009a) sugeriram que as variedades de cebola Nemaly Baswant-780, Arka Kalyan e Agrifound Light Red, que deram maior matéria seca e rendimento de bolbos, podem ser cultivadas para um melhor rendimento na época *da colheita* em condições de regadio na zona seca central de Karnataka.

Dhotre *et al.* (2010) estudaram a diversidade genética em 14 genótipos de cebola *kharif* (*Allium cepa* var. *cepa* L.). Agruparam os genótipos em 5 grupos com base na afinidade genética. Registaram que o peso fresco dos bolbos variava entre 31,89 e 93,86 g, o diâmetro polar entre 3,53 e 4,64 cm, o diâmetro equatorial entre 3,9 e 4,83 cm e a produção de bolbos variava entre 10,74 e 21,12 toneladas/ha.

Singh e Bhonde (2011) sugeriram aos produtores e exportadores de cebola na zona de Nashik que considerassem os híbridos de cebola Mercedes, Linda Vista, Cougar e Colina no que respeita ao rendimento e às caraterísticas que contribuem para o rendimento e a variedade Agrifound Light Red no que respeita aos sólidos solúveis totais, matérias secas e teor de ácido pirúvico.

Dewangan e Sahu (2014) avaliaram 23 genótipos de cebola durante a estação *kharif* nas planícies de Chhattisgarh. Verificaram que a variedade de cebola BKHO-1002 era superior em termos de produção total de bolbos, peso médio dos bolbos, diâmetro polar e equatorial dos bolbos. Observaram a altura máxima da planta e a espessura do colo na variedade de cebola BKHO-1004, enquanto que o número máximo de folhas por planta na BKHO-1005.

Das *et al.* (2015) realizaram uma experiência em Mondouri (Bengala Ocidental), durante 2010-11 e 2011-12, para descobrir as variedades adequadas e normalizar a data de plantação para a produção de cebola *kharif* nas planícies do Ganges. Durante o primeiro ano, foram avaliadas oito variedades, nomeadamente Agrifound Dark Red, Agrifound Light Red, N-53, Baswant-780, Arka Kalyan, Pusa Red, Nasik Red e Bombay Red. Após a avaliação, foram selecionadas três variedades com melhor desempenho, nomeadamente Baswant-780, N-53 e Agrifound Dark Red, que foram transplantadas em quatro datas de plantação diferentes (28th julho, 18th agosto, 8th e 29th setembro), a fim de identificar a data de plantação mais adequada para a cultura da cebola *na quaresma*. Os resultados indicaram que o rendimento máximo de 152,50 q/ha foi obtido com Baswant-780. Na segunda experiência, a altura mais elevada das plantas, o diâmetro do colo, o peso do bolbo fresco, o diâmetro do bolbo e o rendimento máximo de 167,48 q/ha também foram obtidos com a Baswant-780, em que as plântulas foram transplantadas a 8 de setembro. Entre as três variedades, com diferentes datas de plantação, verificou-se que a variedade Baswant-780, seguida da Agrifound Dark Red, foi considerada a mais adequada para *a* plantação de cebola na época da colheita, devendo ser plantada entre a segunda semana de agosto e a segunda semana de setembro.

Umamaheswarappa *et al.* (2015) observaram diferenças significativas nos parâmetros de crescimento, rendimento e qualidade entre 22 genótipos de cebola durante um estudo de avaliação na zona seca central de Karnataka. Sugeriram que a Bhima Shakti, que apresenta o rendimento total de bolbos mais elevado, com diâmetros polares e equatoriais de bolbo mais elevados e com o maior peso de dez bolbos, pode ser utilizada para uma cultura rentável durante o final da estação kharif.

Hirave *et al.* (2015) avaliaram oito variedades de cebola roxa durante a época de colheita em Akola e referiram que as variedades Bhima Red e Bhima Raj apresentaram um melhor desempenho. O estudo revelou que a Bhima Red registou um peso fresco médio significativamente máximo do bolbo, um diâmetro do bolbo e um rendimento comercializável por ha.

Das (2017) avaliou doze variedades de cebola quanto aos seus parâmetros de crescimento, rendimento e qualidade durante a estação *rabi* em Gwalior, Madhya Pradesh. Observou que a variedade Agrifound Dark Red era superior em altura da planta, número de folhas por planta, comprimento da folha e diâmetro equatorial do bolbo. A Agri Found Dark Red também registou um rendimento total e comercializável de bolbos significativamente máximo, que se situou ao mesmo nível que a Bhima Raj, a Gulmohar, a Bhima Super, a Ceylon e a Gourang.

Sharma e Dogra (2017) avaliaram quatro variedades de cebola *kharif* em cinco épocas de transplantação diferentes em Chamba, Himachal Pradesh. Observaram um efeito significativo das variedades, das datas de transplantação e da sua interação no diâmetro dos bolbos, no peso dos bolbos e no rendimento. Entre as variedades, a Agrifound Dark Red transplantada por volta da segunda quinzena de agosto produziu a maior produção de bolbos.

Ketema *et al.* (2018) realizaram uma experiência no Centro Melkassa do Instituto Etíope de Investigação Agrícola durante duas épocas para investigar o efeito de diferentes métodos de plantação de cebola nos parâmetros de crescimento e no desenvolvimento da copa das cultivares de cebola. A experiência consistiu em três métodos de plantação de cebola, nomeadamente a sementeira direta no campo, o transplante de plântulas e conjuntos de plantação, e três cultivares de cebola (Adama Red, Bombay Red e Nasik Red). O desenho experimental foi em parcelas divididas com três repetições; as cultivares foram afectadas à parcela principal e os métodos de plantação à subparcela. Os dados foram recolhidos aos 55, 70, 85 e 100 dias após a plantação. O índice de área foliar foi significativamente ($P<0,05\%$) mais elevado nos conjuntos e nos transplantes em todas as datas de observação. Os resultados da análise de correlação mostram uma associação altamente significativa ($P<0,001$) entre a altura da planta, a área foliar, o IAF e o peso fresco e seco do rebento, com coeficientes de correlação entre 0,89 e 0,99. Isto indica que qualquer um destes parâmetros pode ser utilizado para estimar o rendimento, dependendo das condições e dos meios disponíveis. A análise de regressão do rendimento total no índice de área foliar mostrou uma dependência mais forte aos 85 dias após a plantação do que nas outras datas, como observado por um valor mais elevado do coeficiente de determinação (R2 = 0,80). Este estudo indicou que o método de plantação tem um efeito significativo no crescimento e desempenho das cultivares de cebola.

Ahmed *et al.* (2020) realizaram uma experiência na Quinta de Horticultura da Universidade Agrícola do Bangladesh, Mymensingh, durante o período de outubro de 2018 a março de 2019, para examinar os efeitos de diferentes tamanhos de bolbo, nomeadamente bolbo de tamanho grande (15±1 g), bolbo de tamanho médio (10±1 g), bolbo de tamanho pequeno (7±1 g) na produção de sementes de duas variedades de cebola (Taherpuri e Kalash Nagari). Observou-se uma variação significativa em ambas as variedades para a maioria dos parâmetros baseados no tamanho do bolbo de cebola. A variedade Kalash Nagari apresentou melhores resultados em comparação com a variedade Taherpuri. Após 60 dias de plantio, a variedade Kalash Nagari apresentou a maior altura de planta (55,07 cm), número de folhas (20,62), comprimento do talo (100,78 cm) e produção total de sementes (630 kg ha-1), enquanto na Taherpuri a altura de planta, número de folhas, comprimento do talo e peso total de sementes foram 32,21 cm, 6,93, 61,47 cm e 270 kg/ha, respetivamente. O bolbo de tamanho grande teve um melhor desempenho em comparação com o bolbo de tamanho pequeno. O bolbo de tamanho grande deu a maior altura de planta (49,83 cm) e o maior rendimento total de sementes (490 kg/ha). O bolbo de tamanho médio deu o rendimento de sementes (460 kg /ha) e o mais baixo no bolbo de tamanho pequeno (390 kg /ha). A produção de sementes foi significativamente afetada pelos efeitos combinados da variedade e do tamanho do bolbo.

2.4 Efeito das datas de plantação na qualidade química da cebola.

Bajaj *et al.* (1980) analisaram o teor de ácido pirúvico de cinco variedades de cebola branca e sete variedades de cebola vermelha. Segundo os mesmos autores, o teor de ácido pirúvico variava entre 6,18 e 13,27 micro moles/g (base de peso fresco).

Masthanareddy e Sulikeri (1998) avaliaram cinco variedades de cebola durante o verão em Karnataka e verificaram que as cultivares Arka Niketan e Arka Pragathi registaram o maior e o menor SST, respetivamente.

Masalkar *et al.* (2005) investigaram o efeito dos níveis de potássio (50- 250 kg / ha) e das épocas de plantação (*kharif* e *rabi*) na composição físico-química da variedade de cebola 'Phule Safed'. Os autores referiram que o ácido pirúvico registou um aumento considerável (9,54 uniolesg) durante a época de *rabi* com a aplicação de potássio até 200 kg/ha.

Yoo *et al.* (2006) referiram que mais de 80% da pungência da cebola depende de factores genéticos, enquanto a parte restante está relacionada com factores externos, como o habitat e as práticas de cultivo. De acordo com as diretrizes da indústria da cebola doce, as cebolas são classificadas com base na pungência como de baixa pungência / doce (0-3 uniol / g FW), média pungência (3-7 uniol / g FW) e alta pungência (acima de 7 umol / g FW).

Leja *et al.* (2008) afirmaram que o equilíbrio entre a pungência e a doçura resulta dos compostos sulfurados voláteis e do nível de açúcar. O sabor final da cebola fresca depende da relação mútua entre hidratos de carbono e ácido pirúvico. Avaliaram a composição nutricional em bolbos de dez cultivares de cebola e verificaram que um nível mais elevado de piruvato correspondia, na maioria dos casos, a um teor de açúcar mais elevado, mas não estava correlacionado com o do ácido ascórbico.

Mahanthesh *et al.* (2009b) testaram 13 genótipos diferentes de cebola quanto ao rendimento e às qualidades de armazenagem durante a estação *kharif* em Karnataka e registaram diferenças significativas no teor de SST entre os genótipos. Registaram o teor mais elevado de SST na Bellary Red, a par da Arka Pragati e da H -3, enquanto a Agrifound Dark Red registou o teor mínimo de SST.

Dalamu *et al.* (2010) observaram que no genótipo vermelho com níveis mais elevados de fenólicos, a atividade antioxidante era cerca de três vezes superior à do genótipo branco comercial. Os níveis de pungência variam de 3,12 a 10,48 unoles de ácido pirúvico /g. Numa experiência realizada nas condições de Dharwad sobre estudos de diversidade genética na cebola *kharif* (*Allium cepa* var. *cepa* L.) com catorze genótipos,

Dhotre *et al.* (2010) registaram uma variação dos sólidos solúveis totais do bolbo de cebola de 10,4% a 18,73%. Durante a avaliação de diferentes genótipos de cebola nas condições de Bengala Ocidental,

Denre *et al.* (2011) observaram que o teor de ácido pirúvico variou de 6,86 a 15,33 unol/g, com um valor médio de 11,11 unol/g.

Singh e Bhonde (2011) registaram um teor significativamente mais elevado de sólidos solúveis totais e de ácido pirúvico no Agrifound Light Red, que estava a par do BSS-442 para ambos os parâmetros de qualidade. Departamento de Agricultura e Cooperação, Ministério da

Agriculture, Government of India (2012) recomendou a variedade de cebola Agrifound Dark Red para a estação *kharif*, que produz bolbos moderadamente picantes com um teor de ácido pirúvico de 10,07 micro mol/g.

Patil *et al.* (2012) referiram que as diferentes datas de plantação e o genótipo tiveram um efeito significativo no teor de sólidos solúveis totais (SST) da cebola nas condições de Maharashtra. Entre as datas de plantação (15th de novembro, 1st e 15th de dezembro, 1st e 15th de janeiro) e os genótipos ('JWO807', 'JWO605' e 'JWO16B') estudados, registaram o teor mais elevado de SST no genótipo 'JWO807' com plantação em 1st de janeiro. Observaram também que existe uma correlação inversa entre o rendimento e o teor de SST.

Sharma (2012) estudou o efeito da geometria de plantação no crescimento e no rendimento de quatro variedades de cebola *kharif*. Registou o máximo de SST nos bolbos da Agrifound Dark Red, que foi encontrado a par da Bhima Super. Relativamente ao teor de ácido pirúvico nos bolbos, referiu que a Bhima Red apresentava o valor mais elevado, seguida da Bhima Super e da Agrifound Dark Red.

Ashok *et al.* (2013) estudaram a associação de caracteres entre a produção de bolbos e caraterísticas relacionadas com dez variedades/linhas de cebola. Eles relataram diferenças significativas nos parâmetros de qualidade como TSS variando de 9,1 °Brix (Early Grano) a 14,5 °Brix (Sel 126), açúcar total de 7,0 % (Sel 383) a 12,2 % (Sel 126), açúcar redutor de 2,1 % (Sel 383) a 3,61 % (Early Grano) e açúcar não redutor de 4,28 % (Early Grano) a 9,94 % (Sel 126).

Dewangan e Sahu (2014a) avaliaram 23 genótipos de cebola na época *da colheita* nas planícies de Chhattisgarh e registaram os sólidos solúveis totais mais elevados na variedade de cebola BKHO-1007.

Anon (2014) efectuou um estudo da diversidade bioquímica de trinta e quatro variedades de cebola em Rajgurunagar, Pune, Índia, que revelou que, após três meses de armazenamento, os açúcares totais diminuíram significativamente. Segundo os autores, a variedade Bhima Kiran registou o valor mais elevado de açúcares totais nos bolbos frescos, enquanto o valor mais baixo foi encontrado na variedade

Palam Lohit após três meses de armazenamento.

Steen e Benkeblia (2014) estudaram a variação dos açúcares redutores e totais durante o crescimento dos tecidos da cebola e os dados revelaram que os açúcares totais e redutores se acumulam nas folhas e se translocam maciçamente quando os bolbos se formam.

Tripathy *et al.* (2014) observaram diferenças significativas nos SST entre vinte e duas cultivares de cebola durante a época *da colheita*, nas condições de Odisha. Relataram que os bolbos da linha Col-652 apresentavam o SST mais elevado, estatisticamente ao mesmo nível que Bhima Super, NRCRO-1, NRCRO-3, NRCWO-1, NRCWO-3, NRCWO-4, RO-282, L-28 e PKV White.

Ali *et al.* (2015) avaliaram oito variedades de cebola (*Allium cepa* L.) na Tunísia. Encontraram o valor mais alto de teor de açúcares solúveis totais como 4,72%, enquanto o valor mais baixo foi de 2,62%. Concluíram que as variedades de cebola com maior teor de açúcares solúveis totais poderiam ser consideradas importantes para o ser humano, fornecendo energia, enquanto a variedade com menor valor seria uma melhor fonte de alimento, pelo menos para pessoas diabéticas

Gonzalez-Perez *et al.* (2015) avaliaram dezassete variedades de cebola do Noroeste de Espanha e observaram que o teor de ácido pirúvico variou entre 1,16 e 8,35 uniol / g FW, com um valor médio de 4,47 umol / g FW.

Hirave *et al.* (2015) avaliaram oito variedades de cebola vermelha na estação *kharif* nas condições de Akola. Observaram uma influência genotípica significativa no teor de SST do bolbo de cebola. Registaram um máximo de SST na variedade Agrifound Dark Red, que foi encontrado a par da variedade Phule Samarth. Presumiram que o aumento dos sólidos solúveis totais se deveu a uma maior atividade fisiológica, à disponibilidade de nutrientes e ao desenvolvimento de uma forte relação entre fonte e sumidouro.

Kale e Ajjappalavara (2015) analisaram o desempenho de 44 genótipos de cebola em Haveri (Devihosur), Karnataka, durante a época de *rabi*, relativamente a sólidos solúveis totais, teor de matéria seca, teor de ácido pirúvico, cálcio, fibra, magnésio e vitamina C. Registaram intervalos de SST do bolbo de cebola de 8,36 °Brix (OG-42) a 22,60 °Brix (OG-3) e o intervalo para o ácido pirúvico de 4,15 umoles/g (OG-24) a 6,10 umoles/g (OG-3).

Kallai *et al.* (2015) observaram que o efeito combinado da irradiação gama e do curto período de armazenamento até 64 dias teve um impacto significativo no aumento do teor de ácido pirúvico da cebola e da chalota em comparação com os não irradiados, com melhor retenção de outros atributos de qualidade (textura, cor) e sem perdas significativas de nutrientes.

Kandoliya *et al.* (2015) estudaram sete variedades de cebola em Junagadh e revelaram que o teor de ácido pirúvico variou de 1,09 a 1,33 mg /g com o valor mais baixo em GWO-1 e mais alto em AGFL-Red. Observaram que o teor de açúcares solúveis totais variava significativamente nas variedades de cebola, indo de 8,2 a 12,2 mg /g com base no peso fresco. Em geral, os açúcares solúveis totais permaneceram mais elevados no tipo de cebola vermelha e os açúcares redutores também seguiram a mesma tendência, variando de 2,21 a 3,62 mg /g de tecidos frescos, observaram.

Anon. (2016) avaliou sete variedades de cebola quanto à capacidade de armazenamento e às alterações nutricionais durante o armazenamento em Rajgurunagar, Pune, Índia. Este estudo revelou que o teor de ácido pirúvico aumentou até 30 dias de armazenamento e depois começou a diminuir. No início da armazenagem, o teor de ácido pirúvico era máximo no Bhima Shubhra e mínimo no Bhima Super. Aos 90 dias de armazenamento, o teor de ácido pirúvico era mais elevado no Bhima Red e mais baixo no Bhima Shubhra.

Navaldey *et al.* (2016) observaram um aumento significativo da pungência da cebola à medida que as datas de plantação avançavam de novembro para janeiro com uma dose de enxofre mais elevada. Pelo contrário, o teor de açúcar redutor e total do bolbo foi mais elevado com uma dose baixa de enxofre aplicada no início da transplantação, enquanto o açúcar não redutor foi máximo na transplantação de dezembro, relataram.

Rohini e Paramaguru (2016) investigaram a influência da estação de crescimento no bolbo, na produção de sementes e na qualidade da cebola aggregatum (*Allium cepa* var *aggregatum*) nas condições de

Coimbatore. Observaram que a cultura plantada em setembro registava o teor mais elevado de sólidos solúveis totais (SST), que diminuía significativamente à medida que as datas de plantação avançavam de setembro para dezembro.

Suhas *et al.* (2016) estudaram o desempenho de vinte e cinco genótipos de cebola em termos de crescimento, rendimento e atributos de qualidade na zona seca oriental de Karnataka. Concluíram que a Super Flare e a Super Red poderiam ser recomendadas para a produção comercial de bolbos de cebola, uma vez que tiveram um desempenho extremamente bom na época *da kharif.*

Behera *et al.* (2017a) avaliaram o crescimento, o rendimento e a qualidade de vinte e quatro genótipos de cebola de dia curto na zona vermelha e laterítica de Bengala Ocidental. Sugeriram as cultivares de cebola Bhima Shakti e Bhima Shweta, juntamente com Sukhsagar, para o produtor de cebola da zona vermelha e laterítica de Bengala Ocidental durante a estação *rabi*, para uma maior produtividade.

Behera *et al.* (2017b) estudaram o crescimento, o rendimento e a qualidade de vinte e quatro genótipos de cebola de dia curto na zona vermelha e laterítica de Bengala Ocidental. Registaram o máximo de SST no Sel-126, seguido do NHRDF Red 2 e do Arka Niketan, que foram considerados estatisticamente iguais entre si. Registaram um máximo de açúcares totais no NHRDF Red 3, seguido do Sel-126, Pusa Madhavi, Agrifound Light Red, NHRDF Red, Pusa Ridhi, Sukhsagar, Agrifound Dark Red, Bhima Kiran, N53, Bhima Shakti, Superior Light Red, NHRDF Red 2 e Bhima Shweta, que foram considerados estatisticamente iguais entre si. No que respeita ao açúcar redutor, o Bhima Shakti registou o valor mais elevado, seguido do Sukhsagar, Bhima Kiran, Pusa Ridhi, Arka Niketan, NHRDF Red 2, NHRDF Red 3 e Pusa White Round, que se revelaram estatisticamente equivalentes.

Das (2017) estudou os parâmetros de crescimento, rendimento e qualidade de doze variedades de cebola durante a estação *rabi* em Gwalior, Madhya Pradesh, e registou diferenças significativas no teor de SST dos bolbos. O autor referiu que a variedade Pusa Red registou o maior teor de SST.

Anon. (2017) referiu que, nas variedades de cebola vermelha *kharif*, o grau e a sua interação tiveram um efeito significativo nos constituintes bioquímicos, exceto no teor de ácido pirúvico, em que apenas a variedade teve um efeito significativo. No entanto, as variedades brancas apresentaram um teor de ácido pirúvico significativamente mais elevado do que as variedades vermelhas, com exceção da Bhima Dark Red. A análise da pele seca destas variedades de cebola revelou que a cor da variedade teve um efeito significativo no teor bioquímico da pele da cebola. As variedades brancas tinham constituintes bioquímicos significativamente mais baixos do que as vermelhas. O teor de ácido pirúvico foi significativamente mais elevado nas variedades brancas (0,023 a 0,024 uniolespyniv at /g) do que nas variedades vermelhas (0,020-0,021 pinoles pyruvate/g).

Khan *et al* (2020) realizaram um estudo no Spices Research Sub-Centre (SRSC), Bangladesh Agricultural Research Institute (BARI), Faridpur, Bangladesh, durante a estação de inverno de 2018-2019, para investigar as influências dos tempos de transplante de plântulas e das variedades no rendimento e na qualidade dos bolbos de cebola. Relataram que o aumento insignificante do teor de sólidos solúveis totais e da acidez do primeiro transplante para o terceiro e o menor teor de SST e acidez dos bolbos do transplante anterior podem dever-se à existência de centros duros profusos. Por outro lado, a redução do teor de sólidos solúveis totais e da acidez nos bolbos transplantados tardiamente deveu-se à ocorrência de precipitação na fase de maturação dos bolbos.

2.5 Efeito das datas de plantação na relação benefício/custo da cebola

Singh *et al.* (2011) realizaram uma experiência sobre o "Efeito de adubos orgânicos e fertilizantes inorgânicos no crescimento e rendimento da cebola (*Allium cepa* L.) cv. Agrifound Light Red" e relataram que o retorno líquido máximo de até Rs 72000 por ha foi encontrado na aplicação de RDF seguido por 75% RDF + BF (Rs 64701 ha) e depois 75% RDF sozinho (Rs 59107 ha). O rácio B: C mais elevado obtido pelo FTR (N100 P60 K50) foi de 2,45. Este foi seguido de perto por 75% RDF + BF (2,33) e depois 75% RDF sozinho (2,21).

Singh *et* al. (2015) efectuaram ensaios agrícolas e demonstrações na linha da frente durante a *colheita* de 2013-14 e 2014-15 sobre a "Avaliação de variedades melhoradas de cebola na época da colheita" no distrito de Rajgarh, na zona do planalto de Malwa. O Krishi Vigyan Kendra Rajgarh realizou ensaios na exploração e demonstrações na linha da frente em diferentes campos de agricultores através de agricultores que adoptam facilmente tecnologias. Com base nos resultados médios de todos os agricultores, indicou-se que o rendimento mais elevado (161,77 q/ha.) e o rendimento monetário líquido (1,44, 930Rs/ha) da cebola *kharif* foram obtidos com o pacote de práticas recomendado, que foi 22,69% mais elevado em comparação com as práticas do agricultor. No caso da prática do agricultor, o rendimento da cebola foi de 131,85 q/ha e o lucro líquido foi de apenas 90540 Rs/ha.

Capítulo III

MATERIAIS E MÉTODOS

Foi realizada uma investigação intitulada **"Desempenho de cultivares de cebola *(Allium cepa* L.) como cultura *de kharif* em diferentes datas de transplante"** durante 2018-2019 e 2019-2020. A experiência foi realizada na Horticulture Research Farm do Departamento de Horticultura, Escola de Ciências e Tecnologia Agrícolas, Universidade Babasaheb Bhimrao Ambedkar, Vidya Vihar, Rae Bareli Road, Lucknow. Este capítulo apresenta uma panorâmica pormenorizada dos materiais utilizados e dos métodos experimentais adoptados no decurso do estudo. As condições climáticas e edáficas prevalecentes durante o período de cultivo também foram apresentadas num local apropriado, com quadros e diagramas adequados. Os pormenores das metodologias e dos materiais utilizados neste estudo são apresentados nas rubricas seguintes:

3.1 Local experimental:

A experiência de campo foi efectuada na Horticultural Research Farm do Department of Horticulture, School of Agricultural Science and Technology, Babasaheb Bhimrao Ambedkar University (A Central University), Vidya Vihar, Rae Bareli Road, Lucknow 226025 (UP), Índia, durante a estação rabi. Geograficamente, Lucknow situa-se a 260 50' de latitude N, 800 52′ de longitude E e a 123 metros acima do nível médio do mar (MSL).

3.2 Condições climatéricas e meteorológicas

A região de Lucknow, no Uttar Pradesh, tem um clima subtropical, tal como a maior parte do Estado, com um inverno frio e um verão quente. O clima do distrito é influenciado pela presença de ar seco de tipo continental durante a maior parte do ano. Do final de novembro ao início de março, persiste a estação fria e de abril a junho, a estação quente. O clima da região é subtropical, com temperaturas máximas estivais de 29,3 °C a 45 °C, temperaturas mínimas de 3,5 °C a 12 °C e uma humidade relativa (HR) de 50-77% durante todo o ano. Os 700 mm de precipitação anual distribuem-se por cerca de 100 dias, principalmente de julho a meados de setembro, com períodos de pico entre julho e agosto. Também há alguns aguaceiros no inverno. Em geral, a temperatura varia entre 5 °C e 42 °C. O mês mais frio do ano é janeiro.

3.3 Estudo edáfico do sítio experimental

Após o transplante das plântulas, foi colhida aleatoriamente uma amostra composta de solo do campo de cebolas da Horticulture Research Farm, até uma profundidade de 0-15 cm. Estas amostras foram completamente misturadas, secas ao ar e depois pulverizadas antes de serem novamente misturadas. Foram colhidas amostras representativas de 5 g de solo para cada análise e avaliadas no Laboratório da Estação Regional de Investigação do Instituto Central de Investigação da Salinidade do Solo, Lucknow, para avaliar o nível de fertilidade original do solo. Os dados mais importantes sobre a análise do solo e os métodos utilizados são apresentados no Quadro 3.1.

Tabela 3.1: Propriedades físicas e químicas do solo do campo experimental.

A.	**Propriedades físicas do solo**		
N.º Sr.	**Estado do solo**	**Percentagem (%)**	**Método de determinação**
1	Areia	34.50	Método do hidrómetro (Block, 1965)
2	Silte	50.20	
3	Argila	15.30	
4	Classe de textura	Franco-arenoso	Método triangular (Sigmoide, 1928)
B.	**Propriedades químicas do solo**		
	Componente	**Montante**	**Método de determinação**
1	N_2 disponível	110,50 (Kg/ha)	Método de Kjeldahl (A.O.A.C., 1980)
2	P_2O_5 disponível	40,50 (Kg/ha)	Método de Olsen (Jackson, 1983)
3	K_2O disponível	190,40 (Kg/ha)	Fotómetro de chama (Jackson, 1983)

4	Carbono orgânico	0.12 (%)	Método de titulação rápida (Jackson, 1983)
5	pH	8.2	Elétrodo de vidro, medidor de pH (Jackson, 1983)
6	E.C (1:1)	0.26	Medidor de condutividade (Jackson, 1983)
7	E.S.P.	14.80	Medidor de condutividade (Jackson, 1983)

Observações meteorológicas:

A informação meteorológica foi registada em algum momento da duração da experiência no Instituto Indiano de Investigação da Cana-de-Açúcar (IISR), Lucknow, (UP). As observações são apresentadas no Quadro 3.2.

Quadro 3.2: Observação meteorológica (semanal) durante o período de inquérito (2018-20).

Período		**Média Temperatura (° C)**		**Humidade relativa (%)**		**Velocidade do vento (km/h)**	**Precipitação (mm)/an num**
Semana	**Data**	**Máximo.**	**Min.**	**Máximo.**	**Min.**		
1	27/08/18 a 02/09/18	33.1	25.3	95	78	1.6	22.45
2	03/09/18 a 09/09/18	30.8	24.2	96	85	2.1	20.91
3	10/09/18 a 16/09/18	33.3	24.6	86	61	5.9	0
4	17/09/18 a 23/09/18	33.9	23.4	89	58	3.2	0.65
5	24/09/18 a 30/09/18	34.2	23.1	87	50	3.1	0.028
6	01/10/18 a 07/10/18	33.3	24.6	86	61	5.9	0
7	08/10/18 a 14/10/18	33.9	23.4	89	58	3.2	0
8	15/10/18 a 21/10/18	34.2	23.1	87	50	3.1	0
9	22/10/18 a 28/10/18	33.1	21.1	85	54	2.8	0
10	29/11/18 a 04/11/18	32.2	20.2	86	52	2.5	0
11	05/11/18 a 11/11/18	34.3	22.7	85	53	3.1	0
12	12/11/18 a 18/11/18	29.5	12.7	97	43	2.8	0
13	19/11/18 a 25/11/18	26.5	9.6	83	35	2.5	0
14	26/11/18 a 02/12/18	26.3	7.0	96	34	1.3	0
15	03/12/18 a 09/12/18	27.2	6.5	89	32	1.1	0
16	10/12/18 a 16/12/18	25.1	5.7	85	33	2.2	0
17	17/12/18 a 23/12/18	24.2	5.4	78	32	1.2	0
18	24/12/18 a 30/12/18	23.8	4.6	75	31	1.1	0
19	31/12/18 a 07/01/19	22.7	4.9	97	45	1.5	0
20	08/01/19a 14/01/19	22.6	5.8	93	37	1.8	0
21	15/01/19a 21/01/19	22.9	4.5	96	40	2.3	0
22	22/01/19 a 28/01/19	21.8	10.3	90	65	2.0	0.78
23	29/01/19 a 04/02/19	22.3	7.0	94	45	2.7	0
24	05/02/19 a 11/02/19	22.5	9.5	97	58	2.5	2.65
25	12/02/19 a 18/02/19	23.6	10.4	94	53	2.3	0.2
26	19/02/19 a 25/02/19	26.4	11.3	93	42	3.6	0
27	26/02/19 a 04/03/19	23.6	9.5	91	51	2.9	0.82
28	05/03/19 a 11/03/19	27.5	10.9	88	38	4.4	0
29	12/03/10 a 18/03/19	30.5	13.1	78	30	4.1	0
30	19/03/19 a 25/03/19	32.1	15	71	27	5.5	0
31	27/08/19 a 02/09/19	34.7	24.8	92	65	1.4	0.77
32	03/09/19 a 09/09/19	35.1	24.9	90	67	1.5	0.8
33	10/09/19 a 16/09/19	33.8	23.6	94	77	1.7	6.6

34	17/09/19 a 23/09/19	30.2	22.2	96	90	1.3	15.06
35	24/09/19 a 30/09/19	27.8	19.6	97	89	2.0	26.97
36	01/10/19 a 07/10/19	31.0	19.2	95	63	1.3	0.71
37	08/10/19 a 14/10/19	33.1	17.1	95	55	1.3	0
38	15/10/19 a 21/10/19	32.0	16.8	95	58	0.6	0
39	22/10/19 a 28/10/19	30.0	11.6	94	53	1.3	0
40	29/10/19 a 04/11/19	30.0	15.2	94	55	1.2	0
41	05/11/19 a 11/11/19	29.5	14.9	92	53	1.8	0
42	12/11/19 a 18/11/19	29.4	13.0	90	38	1.9	0
43	19/11/19 a 25/11/19	27.7	11.9	94	44	2.1	0
44	26/11/19 a 02/12/19	26.5	12.5	97	55	1.4	0
45	03/12 19 a 09/12/19	24.9	8.2	96	44	1.2	0
46	10/12/19 a 16/12/19	22.2	10.4	96	63	1.5	3.08
47	17/12/19 a 23/12/19	17.9	7.9	93	67	3.2	0
48	24/12/19 a 30/12/19	15.2	5.7	92	66	2.1	0
49	01/01/20 a 07/01/20	20.4	8.3	95.4	55.3	1.9	0.65
50	08/01/20 a 14/01/20	17.7	7.1	96.7	72.3	2.5	1.74
51	15/01/20 a 21/01/20	17.7	10.2	98.7	87.6	2.0	9.68
52	22/01/20 a 28/01/20	20.8	6.6	93	49.7	3.1	0
53	29/01/20 a 04/01/20	22.3	7.2	92.1	50.4	3.6	0
54	05/02/20 a 11/02/20	22.9	5.3	92.9	73.6	2.1	0
55	12/02/20 a 18/02/20	25.6	9.5	88.1	36.1	4.3	0
56	19/02/20 a 25/02/20	26.5	12.1	93.4	57.6	2.5	1.31
57	26.02/20 a 04/03/20	26.7	12.7	95.8	51.5	1.9	0.2
58	05/03/20 a 11/03/20	26.3	13.2	89	55.3	4.1	3.54
59	2/03/20 a 18/03/20	27.0	14.0	89.4	57.9	2.5	2.57
60	19/03/20 a 25/03/20	31.2	16.5	87.7	36.9	2.7	0
61	26/03/20 a 01/04/20	31.8	18.1	74.9	35.4	7.4	0.68

3.4 . Estado do solo da zona experimental:

O solo do campo experimental é franco-arenoso, de carácter ligeiramente alcalino, com um pH de 8,2. O quadro 3.1 apresenta as propriedades físicas e químicas do soli.

3.5 Detalhes experimentais

Os pormenores experimentais são enumerados nas rubricas seguintes:

3.5.1 Conceção e configuração

O experimento utilizou um projeto de blocos aleatórios fatoriais com 16 parcelas principais que foram replicadas três vezes.

3.5.2 Pormenores do tratamento

Foram dois factores compostos por 8 datas de transplantação (fator A) e 2 variedades (fator B).

Pormenores da experiência:

Cultura		Cebola (*Allium cepa* L.)
Cultivares	:	(i) Agrifound Dark Red (ii) L- 883
Conceção experimental		RBD fatorial (dois factores)
Fator 1		Data da transplantação (Oito)
Fator 2		Variedade (Agri Found Dark Red, L-883)
Número de tratamentos		16
Número de réplicas		3

Número total de parcelas	48
Distância entre filas	15 cm
Distância planta a planta	10 cm
Dimensão líquida da parcela	1,95 m X 2 m
Dimensão bruta da parcela	2,20 m X 2,25 m
Comprimento do campo	22 metros
Largura do campo	9 contadores
Área total	22 m X 9 m= 198 m^2

Combinação de tratamentos

Sl. Não.	**Símbolo**	**Código de tratamento**	**Combinações de tratamento (Data de transplantação + Variedade)**
1	T1	D1V1	Transplantação em 30th agosto + Agrifound Dark Red
2	T2	D1V2	Transplantação em 30th agosto + L- 883
3	T3	D2V1	Transplantação em 10th setembro + Agrifound Dark Red
4	T4	D2V2	Transplantação em 10 de setembro + L- 883
5	T5	D3V1	Transplantação em 20th setembro + Agrifound Dark Red
6	T6	D3V2	Transplantação em 20th setembro + L- 883
7	T7	D4V1	Transplantação em 30th setembro + Agrifound Dark Red
8	T8	D4V2	Transplantação em 30th setembro + L- 883
9	T9	D5V1	Transplantação em 10th + Agrifound Dark Red de outubro
10	T10	D5V2	Transplantação em 10th outubro + L- 883
11	T11	D6V1	Transplantação em 20th outubro + Agrifound Dark Red
12	T12	D6V2	Transplantação em 20th outubro + L- 883
13	T13	D7V1	Transplantação em 30th outubro + Agrifound Dark Red
14	T14	D7V2	Transplantação em 30th outubro + L- 883
15	T15	D8V1	Transplantação em 10th novembro + Agrifound Dark Red
16	T16	D8V2	Transplantação em 10th novembro + L- 883

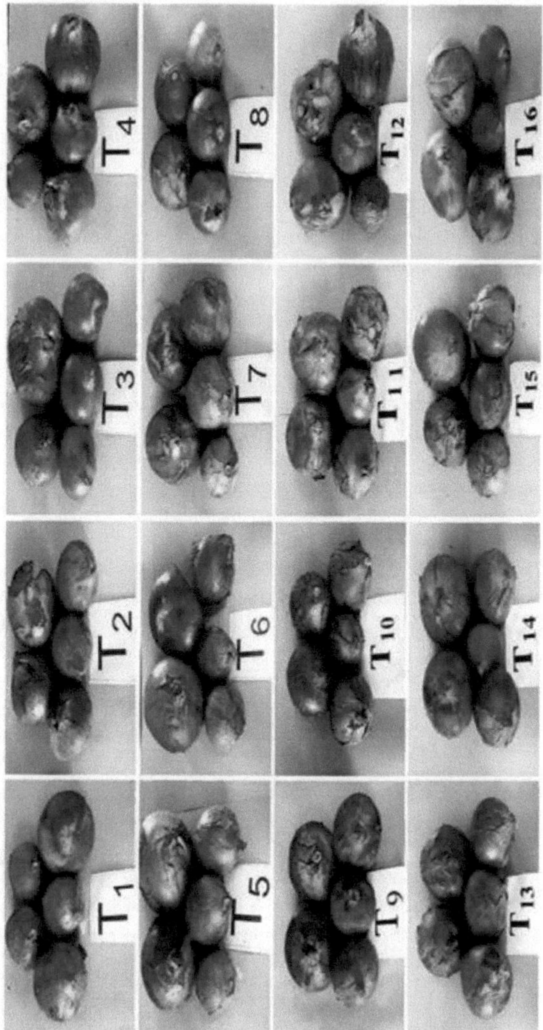

Foto 1: Vista geral dos pormenores do tratamento

3.6 Espaçamento

As mudas foram transplantadas em espaçamento padronizado de 15cm x 10cm.

3.7 . Materiais de plantação

No presente estudo, a cultivar de cebola Agri Found Dark Red tem um bolbo vermelho escuro, globular esférico, com um tamanho de 4-6 cm, uma pele apertada e um odor bastante pungente. Após a transplantação, a cultura atinge a maturação em cerca de 90-100 dias. Os bolbos têm $11\text{-}12^{0}$ B de sólidos solúveis totais, 13-14% de matéria seca e um rendimento médio de 300q/ha. O Governo da Índia aprovou o seu cultivo durante a época *da kharif.* No caso da L-883, os bolbos são de cor vermelha escura com pele brilhante, de forma redonda e com 4,50 - 5,50 cm de diâmetro. A maturação da cultura ocorre entre 85 e 90 dias após a transplantação. No caso da sementeira direta, a maturação ocorre após 80-85 dias. Os bolbos contêm 12-13^0 B TSS, 13-14% de matéria seca e dão um rendimento médio de 300-325 q/ha. A linha é recomendada para o cultivo na época *da kharif* e no início *da kharif*. A variedade também tem uma boa qualidade de conservação. As sementes foram recolhidas na unidade de produção de sementes da National Horticultural Research and Development Foundation (NHRDF), Deoria Centre, U.P.

3.8 Acções culturais

3.8.1 Preparação dos terrenos

Na quinta experimental da Universidade Babasaheb Bhimrao Ambedkar, encontrava-se um terreno com 22 m de comprimento e 9 m de largura. Após a trituração dos torrões, o campo foi lavrado três vezes, gradeado e nivelado de forma adequada. As parcelas foram então colocadas de acordo com o plano da experiência.

3.8.2 Criação em viveiro e transplantação

As sementes de cebola foram plantadas em canteiros de viveiro para cultivar plântulas para transplante para o campo principal. 10 dias antes da sementeira, misturaram-se estrumes de quinta finos e totalmente decompostos com o solo a uma taxa de 3-4 kg/m^2 . Para evitar o amortecimento, as sementes foram tratadas com tirame a uma taxa de 2g/kg de sementes antes da sementeira. As sementes foram semeadas em linhas espaçadas de 5 cm e cobertas com composto finamente peneirado antes de serem ligeiramente regadas com uma roseira. As camas de sementes foram cobertas com palha até à germinação das sementes, e a água foi vertida diariamente. O carbendazim foi aplicado às plântulas duas vezes, 15 dias e 30 dias após a sementeira, a uma taxa de 2 g/litro de água.

O viveiro da cultura foi cultivado na Horticulture Research Farm sob a casa de rede de sombra para proteger as mudas da alta intensidade de luz solar e calor. Foram preparadas camas de sementes de 3,0 m x 1,0 m, que foram devidamente esterilizadas com fungicida (Captan @ 5 g/litro de água) para proteger as plântulas de doenças do solo. As sementes foram semeadas em oito datas diferentes, a saber: 1th julho, 10th julho, 20th agosto, 30th agosto, 10th agosto, 20th setembro, 30th setembro, em canteiro único seguido de transplante em oito datas diferentes, *ou seja*, 30 agosto, 10th agosto, 20th agosto, 30 agosto, 10th setembro, 20th setembro, 30th setembro, 10th novembro, As mudas foram transplantadas após dois meses de semeadura.

O terreno experimental foi preparado através de lavouras repetidas e da eliminação das ervas daninhas, seguidas de gradagem e nivelamento. O solo foi então pulverizado para o tornar solto e friável. Todas as ervas daninhas e restolhos foram removidos. O campo foi devidamente nivelado e dividido pelos canais de irrigação em 48 parcelas de 1,95 m x 2 m. A experiência, que incluiu 16 combinações de tratamentos, foi montada num esquema fatorial de blocos aleatórios com três repetições e foi atribuída a todas as parcelas ao acaso. O FYM @ 25 t/ha foi aplicado 10 dias antes do transplante. As mudas foram transplantadas no campo principal durante a tarde, quando tinham 45 a 50 dias de idade.

3.8.5 Irrigação

Quando necessário, a área experimental foi irrigada. Logo após a transplantação, foi efectuada uma rega ligeira. Depois disso, o campo é irrigado regularmente em intervalos de cerca de 10-15 dias. Toda a irrigação foi muito ligeira. A irrigação foi interrompida 15 dias antes da colheita.

Foto 2: Preparação da cama do berçário

Foto 3: Semeadura de sementes em viveiro

Foto 4(A)

Foto 4(A) e 4(B) : Vista geral das plântulas de cebola prontas para serem transplantadas

Foto 5: Preparação do campo principal

Foto 6: Transplantação no campo principal durante o mês de agosto

3.8.6 Aplicação de fertilizantes

A FYM (20 t/ha) foi incorporada no campo durante a preparação do campo. Cada tratamento recebeu uma dose recomendada de NPK (120:60:80 kg/ha) sob a forma de ureia, superfosfato simples e muriato de potássio. Na altura da preparação final do campo, um terço da dose de azoto, doses completas de fosfato e potássio foram aplicadas como uma dose basal, enquanto dois terços da dose de azoto foram aplicados em duas doses divididas com intervalos de um mês.

3.8.7 Preenchimento de lacunas

Mesmo após cuidados completos no campo, observou-se uma mortalidade de cerca de 2%, especialmente na primeira data de transplante. As plântulas que não conseguiram ter um bom desempenho foram substituídas por novas plântulas saudáveis para garantir uma população óptima de plantas.

3.8.8 Cuidados posteriores

Foram efectuadas seis mondas manuais para manter as parcelas livres de ervas daninhas, tendo sido aplicadas outras medidas de proteção das plantas durante as experiências, de acordo com o pacote de práticas.

3.8.9 Colheita

Os bolbos foram retirados de cada parcela dos diferentes tratamentos na fase de queda do colo, após o desenvolvimento completo dos bolbos. Os bolbos foram separados do resto da planta e cuidadosamente secos à sombra. O início do aparecimento de folhas secas a partir da ponta indicou os índices de maturidade para a cebola *da campanha.*

3.9 Observações registadas

Dez plantas foram escolhidas ao acaso e marcadas em cada parcela para recolher dados sobre vários factores. Antes e depois da colheita, foram registadas as observações sobre as seguintes caraterísticas.

3.10 Parâmetros de crescimento vegetativo

3.10.1 Altura da planta (cm)

3.10.2 Número de folhas/planta

3.10.3 Comprimento da folha (cm)

3.10.4 Espessura do pescoço (mm)

3.11 . Parâmetros de rendimento

3.11.1 Dias para a colheita de bolbos (dias)

3.11.2 Peso fresco médio do bolbo (g)

3.11.3 Peso médio do bolbo após a cura (g)

3.11.4 Rendimento por parcela (kg)

3.11.5 Rendimento por hectare (q)

3.12 Caraterísticas morfológicas do bolbo

3.12.1 Comprimento do bolbo (cm)

3.123.2 Diâmetro equatorial do bolbo (mm)

3.12.3 Diâmetro polar da lâmpada (mm)

3.12.4 Número de escamas frescas/bolbo

3.12.5 Teor de matéria seca (%)

3.13 Parâmetros de qualidade química

3.13.1 SST (^{0} Brix)

3.13.2 Ácido ascórbico (mg/100g)

3.13.3 Açúcares totais (%)

3.13.4 Açúcar redutor (%)

3.13.5 Açúcar não redutor (%)

3.13.6 Acidez titulável (%)

3.13.7 Teor de enxofre (%)

Foto 7: Vista geral do campo experimental

Foto 8: Pronto para a colheita

3.14 Cálculo do rácio benefício/custo

3.14.1 Altura da planta (cm)

A altura das plantas selecionadas ao acaso foi medida a partir do nível do solo da planta aos 30, 60, 90 e 120 dias após o transplante (DAT), utilizando uma escala de medição, e a altura média destas plantas foi calculada, sendo os resultados médios finalmente apresentados em centímetros.

3.14.2 Número de folhas por planta

O número total de folhas de cada planta selecionada sob vários tratamentos foi registado aos 30, 60, 90 e 120 DAT, contando-as manualmente, e a média foi calculada para posterior análise estatística e relatório.

3.14.3 Comprimento da folha (cm)

Os comprimentos das folhas das plantas estudadas foram medidos com fita métrica aos 30, 60, 90 e 120 DAT e expressos em centímetros.

3.14.4 Espessura do pescoço (cm)

A espessura do pescoço foi medida aos 30, 60, 90 e 120 DAT, utilizando Digital Vernier Calipers (Mitutoyo Corporation Model) e as médias foram expressas em cm.

3.14.5 Número de dias necessários para a formação de bolbos (dias)

O número de dias necessários para a formação de bolbos a partir dos dias de transplante foi calculado e expresso em dias.

3.14.6 Número de dias decorridos até ao vencimento (dias)

O estádio de maturação foi determinado em plantas selecionadas ao acaso de cada parcela e as observações foram feitas com muito cuidado. A maturidade do bolbo sob diferentes tratamentos foi diferenciada e, após os registos necessários, foi mantida. O número de dias necessários para a maturação do bolbo foi calculado em dias após a transplantação até à queda de cinquenta por cento do pescoço. Contudo, na cebola *kharif*, o início da secura da ponta da folha indicava a maturidade.

3.15 Qualidade física dos bolbos Qualidade química dos bolbos

3.15.1 Volume da ampola (ml)

Esta foi medida pelo método de deslocação da água.

3.15.2 Número de escamas frescas/bolbo

Os bolbos de cebola da amostra foram cortados horizontalmente com uma faca afiada e o número de escamas frescas foi contado.

3.15.3 Comprimento do bolbo (cm)

Após a colheita, os comprimentos polares dos 10 bolbos foram medidos com um paquímetro digital e as médias foram calculadas e expressas em cm.

3.15.4 Diâmetro do bolbo (cm)

Após a colheita, os diâmetros equatorial e polar dos 10 bolbos foram medidos com um paquímetro digital, tendo as médias sido calculadas e fornecidas em cm.

3.15.5 Tamanho do bolbo (cm)

O tamanho de cada um dos dez bolbos individuais foi registado, e a média dos dez bolbos foi representada como o tamanho médio dos bolbos em cm.

3.15.6 Peso do bolbo (g)

O peso foi obtido a partir de dez bolbos separados, e a média de dez bolbos foi expressa como peso médio do bolbo (g) como peso fresco.

3.15.7 Percentagem de aparafusamento (%)

A percentagem de plantas que se enroscaram foi calculada com base no número total de plantas em cada parcela.

3.15.8 Rendimento por parcela (kg)

Os bolbos das parcelas da rede foram escavados e o peso de cinco bolbos de cada parcela foi registado e expresso em kg por hectare.

3.15.9 Rendimento total por hectare (q/ha)

O rendimento por parcela foi calculado em rendimento total por hectare, expresso em q/ha. O rendimento comercializável por hectare foi calculado depois de se tomar o peso após uma curta cura, tendo sido ainda calculado deduzindo $>$ 20% da área de produção devido à estrada, ao canal de irrigação, etc.

3.16 Parâmetros bioquímicos

As amostras de bolbos de cebola foram analisadas quanto aos parâmetros bioquímicos após a colheita.

3.16.1 Sólidos solúveis totais (SST° Brix)

O teor de SST no sumo do bolbo de cebola dos diferentes tratamentos foi registado com a ajuda de um refratómetro digital. (modelo)O refratómetro digital foi colocado no zero com água destilada. Colocou-se uma pequena quantidade de sumo de cebola num pano de musselina húmido. Colocou-se uma gota de sumo do bolbo de cebola com crosta no refratómetro e leu-se o valor contra a luz. Os valores assim obtidos foram explicados em^0 Brix (AOAC, 2000).

3.16.2 Ácido ascórbico (mg/100g)

O ácido ascórbico no sumo de bolbo fresco de cebola foi estimado utilizando o corante 2,6-dicloro-indofenol pelo método de titulação visual (Ranganna, 2007). 1. Corante indofenóis: 0,04%, peso 40 mg de 2, 6-diclorofenolindofenol de sódio foi tomado. Adicionaram-se 150 ml de água destilada quente. De seguida, adicionaram-se 42 ml de bicarbonato de sódio. O conteúdo foi arrefecido e o volume de 200 ml foi reconstituído com água e mantido no frigorífico.

2. Ácido metafosfórico: 3%, 30g de MPA foram dissolvidos em água e o volume foi aumentado para 1000ml.

3. Ácido ascórbico padrão: dissolveram-se 100 mg de ácido ascórbico em 100 ml de ácido oxálico. Adicionou-se 10 ml de MPA (1 ml=0,mg de ácido ascórbico)

Normalização do corante:

Adicionaram-se 5 ml de ácido ascórbico e 5 ml de HPO3. O corante foi colocado na microbureta. Titulou-se contra a solução de corante até obter uma cor rosa pálido e calculou-se o valor da titulação e o fator de corante (equivalentes de corante).

Equivalentes de corante =0,5/valor do título

Preparação da amostra

Tomou-se 10 g de amostra e adicionou-se 3% de MPA para perfazer um volume de 100 ml. Misturou-se cuidadosamente no caso de haver sólidos ou e filtrou-se. Centrifugar quando necessário.

Procedimento

Obteve-se uma amostra de 10 ml e o filtrado foi titulado com o corante 2,6 diclorofenol indofenol de sódio. Efectuaram-se leituras dos títulos.

Cálculo

Ácido ascórbico (mg/100g) = <u>título x equivalente de corante x diluição x 100</u>

Peso da amostra

Análise dos açúcares totais, dos açúcares redutores e dos açúcares não redutores

a) Açúcares totais (%)

Fluxograma para a estimativa dos açúcares

↓

Peso de açúcar a (90.g)

↓

Esmagar para tomar

↓

Adicionar 5 ml de HCl conc. + água destilada

↓

Calor > 30 min

↓

Arrefecer até à temperatura ambiente

↓

Neutralizado a pH 7,0

↓

Maquilhagem de volume

↓

Filtro

↓

10 ml foram colocados num balão de 250 ml

↓

Tomou-se cerca de 100 ml de água

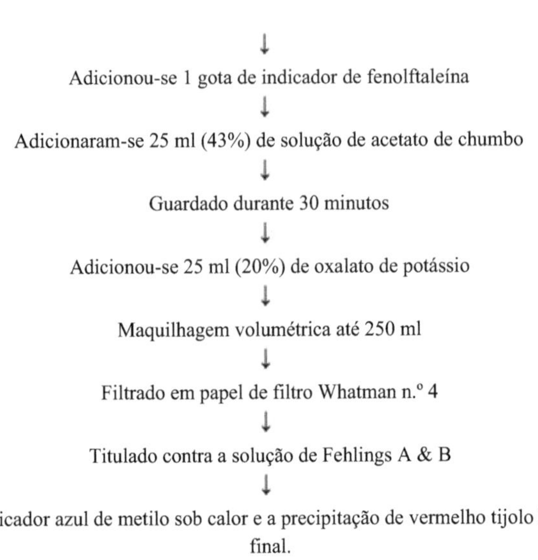

↓

Adicionou-se 1 gota de indicador de fenolftaleína

↓

Adicionaram-se 25 ml (43%) de solução de acetato de chumbo

↓

Guardado durante 30 minutos

↓

Adicionou-se 25 ml (20%) de oxalato de potássio

↓

Maquilhagem volumétrica até 250 ml

↓

Filtrado em papel de filtro Whatman n.º 4

↓

Titulado contra a solução de Fehlings A & B

↓

A adição do indicador azul de metilo sob calor e a precipitação de vermelho tijolo indicam o ponto final.

$$\frac{\textbf{Factor} \times \textbf{dilution}}{\textbf{Titer} \times \textbf{weight of sample}} \times 100$$

Açúcares totais (%) =
Fator x diluição x 100
Título x peso da amostra

b) Açúcar redutor (%)

O açúcar redutor foi medido através do seguinte fluxograma.

20 ml num balão de 250 ml

↓

Adicionou-se cerca de 100 ml de água

↓

Adicionou-se 1 gota de indicador de fenolftaleína

↓

Adicionaram-se 25 ml (43%) de solução de acetato de chumbo

↓

Guardado durante 30 minutos

↓

Adicionou-se 25 ml de solução de oxalato de potássio (20%)

↓

250 ml de maquilhagem volumétrica

↓

Filtrado em papel de filtro Whatman n.º 4

↓

Reduzir o açúcar

↓

O filtrado foi titulado com 10 ml da solução de Fehling A & B utilizando o indicador azul de metileno e o volume da solução de açúcar utilizada foi registado

Cálculos

$$\text{Açúcares redutores (\%)} = \frac{\text{Factor (0.052)} \times \text{dilution} \times 100}{\text{Titer} \times \text{weight of sample}}$$

$$\frac{\text{Fator (0,052) x diluição x 100}}{\text{Título x peso da amostra}}$$

C. Açúcar não redutor (%)

O açúcar não redutor é medido em três amostras com a ajuda de uma fórmula numérica no açúcar redutor e no açúcar total.

Açúcar não redutor (%) = (Açúcares totais - açúcar redutor) x 0,95

3.17 Análise de vários elementos presentes na cebola através de SEM

A microscopia eletrónica de varrimento (SEM) foi calculada no University Science Instrumentation Centre (USIC) da BBAU. As tentativas de adaptação da tecnologia de IV à biologia remontam à década de 1910, quando foi proposta pela primeira vez a utilização da espetroscopia de IV para a análise de amostras biológicas. No final da década de 1940, a técnica tinha sido efetivamente aplicada ao estudo de materiais e a espetroscopia de IV tornou-se, desde então, uma ferramenta amplamente utilizada para a caraterização de compostos bimoleculares.

Recolha de materiais vegetais

Os bolbos de cebola foram recolhidos das plantas colhidas na experiência de campo.

Preparação dos materiais vegetais

Os bolbos de cebola foram secos à sombra, à temperatura ambiente, num ambiente limpo, durante 14 dias, antes de serem moídos num moinho doméstico. Após 40 dias, as florestas foram mantidas num secador a 50^0 graus Celsius durante 4-5 horas. As amostras trituradas foram mantidas à temperatura ambiente em frascos de vidro herméticos para posterior exame.

Preparação da amostra final

Os materiais são novamente triturados com um almofariz e pilão para obter um pó fino. O material vegetal em pó é misturado com brometo de potássio totalmente seco (proporção 1/100) e a mistura é submetida a uma pressão de 5 x 106 Pa num molde de vácuo para formar pastilhas de Kbr para utilização no espetrómetro de FTIR.

Análise por Microscopia Eletrónica de Varrimento

Análise por Microscopia Eletrónica de Varrimento (SEM) das Nanopartículas de Enxofre SintetizadasA análise por Microscopia Eletrónica de Varrimento (SEM) das nanopartículas de enxofre sintetizadas foi feita utilizando uma máquina Quanta SEI 450 SEM a 15kV, com ampliações de 5.000 e 10.000x.

3.18 Análise estatística

A análise estatística dos dados recolhidos nos vários conjuntos de experiências foi calculada da forma proposta por Panse e Sukhantme (1985). O erro padrão (SEm±) para a diferença das médias dos tratamentos foi calculado da seguinte forma:

a) $SEm \pm = \sqrt{EMSS/V}$

Onde,

EMSS é a soma média dos quadrados dos erros

$$r = \frac{\text{Total number of experimental units}}{\text{Levels of factor}}$$

r = **Número total de unidades experimentais**

Níveis do fator

b) $$CD = t\,\frac{\sqrt{2EMSS}}{r}$$

Onde, t (5%) = valor da tabela (±) (tabela de Fisher) para o grau de liberdade do erro a 5% de lavel.

E- Análise económica

Os custos de entrada e de saída específicos do tratamento foram calculados utilizando os preços de mercado actuais, e foram calculados outros indicadores económicos, como o rendimento líquido e a relação custo-benefício.

Custo de cultivo:

O custo de cultivo (Rs. por hectare) de uma cultura de cebola foi calculado utilizando o preço de mercado local de vários factores de produção utilizados na produção.

Rendimento bruto:

Utilizando o preço de mercado na exploração, o rendimento monetário da produção de bolbos de cebola foi calculado em rupias. O rendimento bruto (Rs. por hectare) foi calculado adicionando o valor monetário do bolbo de cebola. O rendimento bruto (Rs. por hectare) é o rendimento dos bolbos (q por hectare) multiplicado pelo preço (Rs por quintal).

Rendimento líquido:

O rendimento líquido (Rs. por hectare) de cada tratamento foi calculado subtraindo o custo de cultivo do rendimento bruto do tratamento específico.

Rendimento líquido= Rendimento bruto (Rs) - custo de cultivo (Rs)

Rácio benefício/custo

O rácio benefício/custo (B: C) foi calculado dividindo o rendimento líquido de um tratamento pelas despesas efectuadas. O rácio benefício/custo para cada tratamento foi calculado utilizando a seguinte fórmula.

$$\text{B:C ratio} = \frac{\text{Net return obtained (Rs/ha)}}{\text{Expenditure incurred (Rs/ha)}}$$

$$\text{Rácio B:C} = \frac{\text{Rendimento líquido obtido (Rs/ha)}}{\text{Despesas efectuadas (Rs/ha)}}$$

Capítulo IV

RESULTADOS E DISCUSSÃO

4.1 Resultados

Este capítulo trata dos resultados experimentais obtidos no decurso das investigações. A experiência envolveu oito datas de transplante, nomeadamente 30th de agosto, 10th de setembro, 20th de setembro, 30th de setembro, 10th de outubro, 20th de outubro, 30th de outubro e 10th de novembro durante 201819 e 2019-20, transplantando duas cultivares (Agrifound Dark Red e L-883) dispostas num desenho de blocos aleatórios fatorial. A resposta das variedades de cebola aos diferentes tratamentos foi ilustrada através de tabelas e gráficos nos locais apropriados deste capítulo.

4.1.1. Efeito das datas de transplantação e das variedades na altura das plantas de cebola *da colheita* (30, 60, 90 e 120 DAT)

Os dados da altura da planta são apresentados no Quadro 4.1 e ilustrados graficamente na Fig. 4.1. Os dois anos de investigação (2018-19 e 2019-20) mostraram que a altura da planta aos 30 dias após o transplante (DAT) foi significativamente influenciada por diferentes datas de transplante e variedades.
O quadro 4.1 mostra claramente que, aos 30 DAT, a altura máxima das plantas (22,43 cm e 22,39 cm) durante 2018-19 e 2019-20, respetivamente, foi registada na data de transplante moderado D4. Seguiu-se a data de transplante D3 (21,47 cm e 21,22 cm) e D6 (22,39 cm e 22,31 cm), enquanto a altura mínima da planta (19,62 cm e 19,67 cm) foi registada na data de transplante precoce D1durante os dois anos de investigação (2018-19 e 2019-20).
No caso de duas variedades, os dados mostraram que a altura máxima da planta (21,37 cm e 21,23 cm durante 2018-19 e 2019-20, respetivamente) foi registada com a cultivar V2 e a altura mínima da planta foi registada nas cultivares V1 (20,83 cm e 20,65 cm durante 2018-19 e 2019-20).
O efeito da interação entre as datas de transplante e as cultivares foi significativo na altura da planta aos 30 DAT. O tratamento D4 xV2 produziu significativamente a planta mais alta (24,42 cm durante 2018-19 e 23,64 cm durante 2019-20). No entanto, a menor altura de planta (20,62 cm durante 2018-19 e 20,23 cm durante 2019-20) foi registada em D1 x V2. Além disso, uma análise comparativa dos dados mostrou que, durante o primeiro ano da experiência, a altura da planta foi marginalmente superior à do segundo ano.
Como mencionado na Tabela 4.1 e na Fig. 4.2, aos 60 DAT, a altura da planta foi significativamente influenciada pelas diferentes datas de transplante e variedades. Aos 60 DAT, a altura máxima da planta (32,09 cm e 31,78 cm) durante o primeiro e segundo ano, respetivamente, foi registada sob a data de transplante D4.Seguida pela data de transplante D3 (30,81cm e 30,46 cm) e D6 (31,57 cm e 31,24 cm) enquanto que, a altura mínima da planta (30,23 cm e 29,85 cm) foi registada sob a data de transplante precoce D1durante ambos os anos de investigação (2018-19 e 2019-20).
Os dados mostraram que a altura máxima das plantas (31,33 cm e 30,48 cm durante 2018-19 e 2019-20) foi registada com as cultivares V2 e a altura mínima das plantas foi registada com as cultivares V1 (30,75 cm e 29,96 cm durante 2018-19 e 2019-20).
O tratamento interativo D4 x V2 produziu significativamente a planta mais alta (33,19 cm durante 2018-19 e 32,74 cm durante 2019-20). No entanto, as plantas mais pequenas (30,56 cm durante 2018-19 e 30,10 cm durante 2019-20) foram observadas sob D1 x V2.
Um padrão semelhante também foi observado aos 90 DAT, onde a altura máxima da planta (51,82 cm e 51,77 cm) foi registada quando as plantas foram transplantadas em (D4), seguida pela data de transplante D3 (50,35 cm e 50,14 cm) e D6 (51,34 cm e 51,33 cm), enquanto a altura mínima da planta (49,53 cm e 49,56 cm) foi registada na data de transplante precoce D1 durante 2018-19 e 2019-20, respetivamente). (Tabela 4.2 e Fig. 4.3)
A variedade V2 mostrou que a altura máxima da planta (50,93 cm e 50,96 cm durante 2018-19 e 2019-20) foi registada com a cultivar V2 e a altura mínima da planta foi registada sob a cultivar V1 (50,22 cm e 50,28 cm durante 2018-19 e 2019-20).
O tratamento combinado D4 xV2 produziu significativamente a planta mais alta aos 90 DAT (53,19 cm

durante 2018-19 e 53,88 cm durante 2019-20). No entanto, a menor altura de planta (51,93 cm durante 2018-19 e 50,76 cm durante 2019-20) foi registada sob D1 xV2. Foi também observado um efeito significativo das datas de transplante e das variedades na altura das plantas aos 120 DAT.

Considerando que, aos 120 DAT a altura máxima da planta (66,75 cm e 66,93cm) foi registada na data de transplante D4 (Tabela 4.2 e Fig. 4.4). Seguiu-se a data de transplante D3 (64,07 cm e 63,96 cm) e D6 (66,65 cm e 66,49 cm), enquanto a altura mínima da planta (62,40 cm e 62,22 cm) foi registada quando o transplante precoce foi feito D1 durante os dois anos de investigação (2018-19 e 201920).

Em termos de desempenho das variedades, os dados apresentados aos 120 DAT mostraram que a altura máxima da planta (65,80 cm e 65,36 cm durante 2018-19 e 2019-20) foi registada com a cultivar V2 e a altura mínima da planta foi registada sob as cultivares V1 (64,98 cm e 64,69 cm durante 2018-19 e 2019-20).

O efeito de interação entre a data de transplante e as variedades D4 x V2 mostrou uma altura de planta significativamente mais elevada (68,78 cm durante 2018-19 e 67,98 cm durante 2019-20). No entanto, a altura mais baixa das plantas (63,60 cm em 2018-19 e 63,83 cm em 2019-20) foi registada em D1 x V2. Uma análise comparativa dos dados mostrou que no primeiro ano da experiência, a altura da planta foi maior no primeiro ano da experiência em comparação com o segundo ano.

Quadro 4.1: Efeito das datas de transplantação e das variedades na altura das plantas de cebola *da kharif*

Variedades / Datas de transplantação.	Altura da planta (cm) aos 30 DAT							Altura da planta (cm) aos 60 DAT						
	2018-19			2019-20			Agrupado	2018-19			2019-20			Agrupado
	Vi	V2	Média	Vi	V2	Média		Vi	V2	Média	Vi	V2	Média	
Di- 30th agosto	18.63	20.62	19.62	19.27	20.23	19.75	19.67	29.90	30.56	30.23	28.46	30.10	29.28	29.85
Di. 10th setembro	19.77	21.53	20.65	19.66	21.68	20.67	20.66	30.71	31.13	30.92	29.51	30.58	30.04	30.57
D_3 .20th setembro	21.33	21.60	21.47	20.94	20.74	20.84	21.22	30.60	31.03	30.81	29.76	30.11	29.94	30.46
D_4 .30th setembro	20.44	24.42	22.43	21.02	23.64	22.33	22.39	30.99	33.19	32.09	29.88	32.74	31.31	31.78
D_5 .10th outubro	21.30	19.71	20.50	22.08	21.33	21.71	20.98	30.80	31.56	31.18	30.16	30.05	30.10	30.75
De- 20th outubro	23.33	21.45	22.39	22.92	21.45	22.19	22.31	31.73	31.41	31.57	31.40	30.09	30.75	31.24
D_7 .30th outubro	19.78	20.34	20.06	19.78	20.34	20.06	20.06	30.82	30.98	30.90	29.99	30.34	30.17	30.61
D_8 .10th novembro	22.09	21.26	21.68	19.53	20.44	19.99	21.00	30.47	30.75	30.61	30.53	29.80	30.16	30.43
Média	20.83	21.37		20.65	21.23			30.75	31.33		29.96	30.48		
SEm (±)	D	0.33			0.28				0.27			0.31		
	V	0.17			0.14				0.13			0.15		
	DxV	0.47			0.40				0.39			0.43		
CD (P= 0,05)	D	0.96			0.82				0.80			0.89		
	V	0.48			0.41				NS			0.45		
	DxV	1.36			1.16				1.13			1.26		

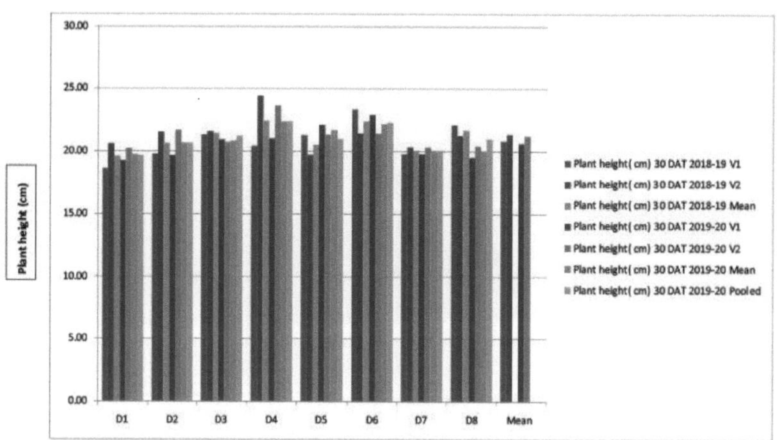

Fig 4.1: Efeito das datas de transplante e das variedades na altura da planta da cebola *Kharif* aos 30 DAT.

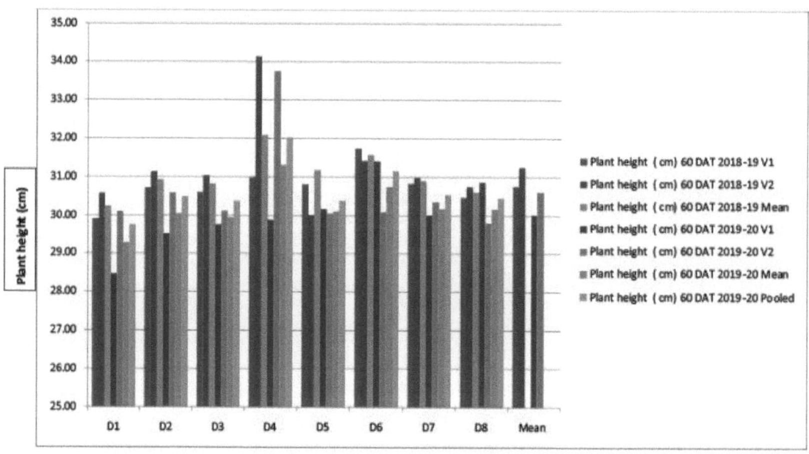

Fig 4.2: Efeito das datas de transplantação e das variedades na altura das plantas da cebola *Kharif* aos 60 DAT.

Foto 9: Recolha de dados no campo experimental

Foto 10: Vista geral da recolha de dados da cultura experimental no campo experimental

Quadro 4.2: Efeito das datas de transplantação e das variedades na altura das plantas da cebola *da quaresma*

Variedades Datas de transplantação^.	Altura da planta (cm) aos 90 DAT							Altura da planta (cm) aos 120 DAT						
	2018-19			2019-20				2018-19			2019-20			Agrupado
	Vi	V2	Média	Vi	V2	Média		Vi	V2	Média	Vi	V2	Média	
Di. 30th agosto	47.14	51.93	49.53	48.45	50.76	49.60	49.56	61.20	63.60	62.40	60.08	63.83	61.95	62.22

D_2 .10th setembro	50.54	49.24	49.89	49.40	51.26	50.33	50.07	64.74	66.05	65.40	63.71	65.99	64.85	65.18
D_3 .20th setembro	50.41	50.28	50.35	50.00	49.68	49.84	50.14	64.85	63.29	64.07	63.59	64.01	63.80	63.96
D4.30th setembro	50.45	53.19	51.82	49.50	53.88	51.69	51.77	64.72	68.78	66.75	66.42	67.98	67.20	66.93
D_5 .10th outubro	51.44	50.78	51.11	50.98	51.20	51.09	51.10	66.18	65.94	66.06	65.86	64.11	64.99	65.63
D_6 .20th outubro	52.31	50.38	51.34	52.63	49.98	51.30	51.33	67.04	66.25	66.65	66.91	65.63	66.27	66.49
D_7 .30th outubro	50.33	51.45	50.89	50.59	51.01	50.80	50.85	65.70	66.27	65.98	65.70	65.77	65.74	65.88
Ds. 10th novembro	49.15	50.23	49.69	50.65	49.96	50.31	49.94	65.44	66.20	65.82	65.24	65.59	65.41	65.66
Média	50.22	50.93		50.28	50.96			64.98	65.80		64.69	65.36		
SEm (±)	D	0.30			0.29				0.44			0.42		
	V	0.15			0.14				0.22			0.21		
	DxV	0.43			0.40				0.63			0.59		
CD (P= 0,05)	D	0.88			0.83				1.29			1.22		
	V	0.44			0.42				0.65			0.61		
	DxV	1.25			1.17				1.82			1.72		

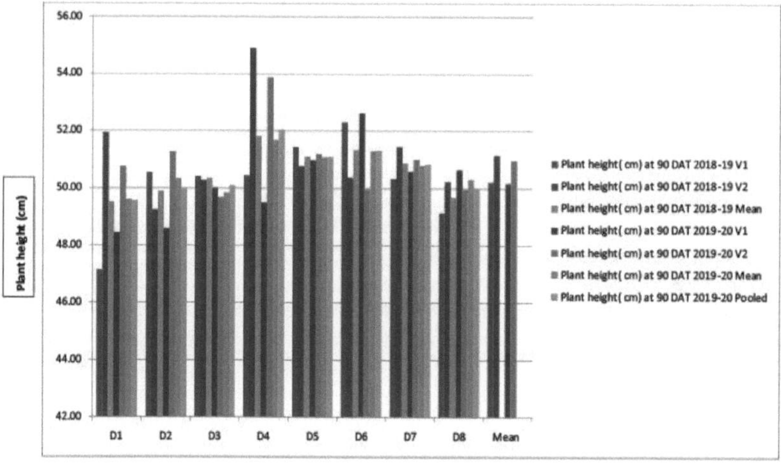

Fig. 4.3: Efeito das datas de transplante e das variedades na altura da planta da cebola *Kharif* aos 90 DAT.

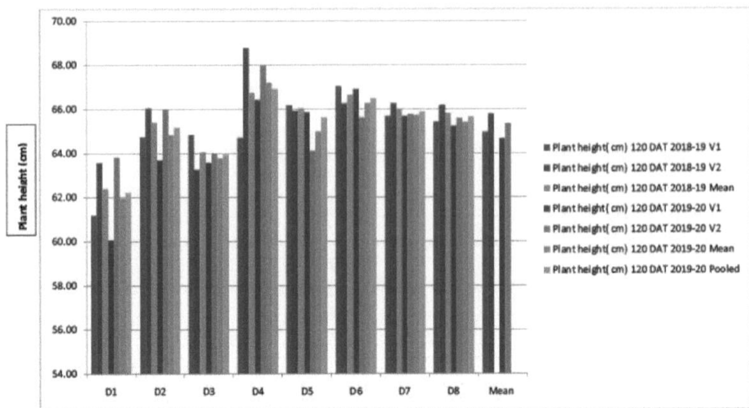

Fig. 4.4: Efeito das datas de transplante e das variedades na altura das plantas de cebola *da kharif* aos 120 DAT.

4.1.2. O efeito das datas de transplantação e das variedades no número de folhas por planta na produção de cebola *da campanha* (30, 60, 90 e 120 DAT)

A Tabela 4.3 apresenta dados sobre o número de folhas por planta, que são ilustrados graficamente na Fig. 4.5, sujeitos a análise estatística. Ambos os anos de investigação (2018-19 e 2019-20) mostraram que o número de folhas por planta aos 30 dias após o transplante (DAT) foi significativamente influenciado por diferentes datas de transplante e variedades.

O resultado mostrou que aos 30 DAT; o número máximo de folhas por planta (3,31 e 3,33) foi registado sob a data de transplante moderada D4. Seguiram-se as datas de transplante D3 (3,23 e 3,27) e D6 (3,28 e 3,30), enquanto o número mínimo de folhas por planta (2,39 e 2,56) foi registado na data de transplante precoce D1durante os dois anos de investigação (2018-19 e 2019-20).

No entanto, as cultivares de cebola tiveram um efeito significativo no número de folhas. Os dados apresentados mostraram que o número máximo de folhas (3,11 e 3,13 durante 2018-19 e 2019-20) foi registado com as cultivares V2 e o número mínimo de folhas por planta foi registado com as cultivares V1 (2,89 e 3,12 durante 2018-19 e 2019-20).

O efeito de interação entre a data de transplante e as cultivares foi significativo no número de folhas. O tratamento interativo D4 xV2 produziu o maior número de folhas (3,64 durante 2018-19 e 3,59 durante 2019-20). No entanto, o menor número de folhas por planta (2,65 em 2018-19 e 2,88 em 2019-20) foi registado em D1 xV2. Além disso, uma análise comparativa dos dados mostrou que, no primeiro ano da experiência, o número de folhas por planta foi marginalmente maior em 2018-19 do que no segundo ano.

A Tabela 4.3 apresenta dados sobre o número de folhas por planta, que são ilustrados graficamente na Fig. 4. Ambos os anos de investigação (2018-19 e 2019-20) mostraram que o número de folhas por planta aos 60 dias após o transplante (DAT) foi significativamente influenciado por diferentes datas de transplante e variedades.

É óbvio que aos 60 DAT o número máximo de folhas por planta (5,69 cm e 5,71 cm) foi registado na data de transplante moderada D4. Seguiram-se as datas de transplante D3 (5,41 e 5,39) e D6 (5,48 e 5,47), enquanto o número mínimo de folhas por planta (4,59 e 4,58) foi registado na data de transplante precoce D1 durante os dois anos de investigação (2018-19 e 2019-20).

No entanto, as cultivares de cebola tiveram um efeito significativo no número de folhas. Os dados apresentados mostraram que o número máximo de folhas (5,39 cm e 5,37 cm durante 2018-19 e 2019-20) foi registado com as cultivares V2 e o número mínimo de folhas por planta foi registado com as cultivares V1 (5,20 e 5,17 durante 2018-19 e 2019-20).

O efeito da interação entre a data de transplante e as cultivares foi significativo no número de folhas. O tratamento interativo D4 x V2 produziu o maior número de folhas (6,13 durante 2018-19 e 6,04 durante 2019-20). No entanto, o menor número de folhas por planta (4,68 em 2018-19 e 4,63 em 2019-20) foi registado em D1 x v2. Além disso, uma análise comparativa dos dados mostrou que, no primeiro ano da experiência, o número de folhas por planta foi marginalmente maior em 2018-19 do que no segundo ano.

A Tabela 4.4 apresenta dados sobre o número de folhas por planta, que são ilustrados graficamente na Fig. 4.7. Os dados foram submetidos à análise estatística e à análise de variância, conforme indicado. Ambos os anos de investigação (2018-19 e 2019-20) mostraram que o número de folhas por planta aos 90 dias após o transplante (DAT) foi significativamente influenciado por diferentes datas de transplante e variedades. A Tabela 4.7 mostra claramente que, aos 90 DAT, o número máximo de folhas por planta (11,08 e 10,82) foi registado sob a data moderada de transplante de D4. Seguiram-se as datas de transplante D3 (10,01 e 9,98) e D6 (10,45 e 10,43), enquanto o número mínimo de folhas por planta (9,40 e 9,39) foi registado na data de transplante precoce D1 durante os dois anos de investigação (2018-19 e 2019-20).

O número máximo de folhas (10,30 e 10,08 durante 2018-19 e 2019-20) foi registado com as cultivares V2 e o número mínimo de folhas por planta foi registado com as cultivares V1 (9,93 e 10,00 durante 2018-19 e 2019-20).

O efeito da interação entre a data de transplante e as cultivares foi significativo no número de folhas. O tratamento interativo D4 x V2 produziu o maior número de folhas (12,17 durante 2018-19 e 11,77 durante 2019-20). No entanto, o menor número de folhas por planta (9,75 em 2018-19 e 9,62 em 2019-20) foi registado em D1 x v2. Além disso, uma análise comparativa dos dados mostrou que, no primeiro ano da experiência, o número de folhas por planta foi marginalmente maior em 2018-19 do que no segundo ano.

A Tabela 4.4 apresenta dados sobre o número de folhas por planta, que são ilustrados graficamente na Fig. 4.8. Ambos os anos de investigação (2018-19 e 2019-20) mostraram que o número de folhas por planta aos 120 dias após o transplante (DAT) foi significativamente influenciado por diferentes datas de transplante e variedades.

Considerando que, aos 120 DAT; o número máximo de folhas por planta (15,19 e 14,99) foi registado sob a data de transplante moderada de D4. Seguiram-se as datas de transplante D3 (14,14 e 14,04) e D6 (14,93 e 14,89), enquanto o número mínimo de folhas por planta (12,86 e 12,74) foi registado na data de transplante precoce D1 durante os dois anos de investigação (2018-19 e 2019-20).

No entanto, as cultivares de cebola tiveram um efeito significativo no número de folhas. Os dados apresentados mostraram que o número máximo de folhas (14,44 cm e 14,16 cm durante 2018-19 e 2019-20) foi registado com as cultivares V2 e o número mínimo de folhas por planta foi registado com as cultivares V1 (13,90 e 13,99 durante 2018-19 e 2019-20).

O efeito da interação entre a data de transplante e as cultivares foi significativo no número de folhas. O tratamento interativo D4 x V2 produziu o maior número de folhas (15,91 durante 2018-19 e 15,64 durante 2019-20). No entanto, o menor número de folhas por planta (13,58 cm em 2018-19 e 12,43 em 2019-20) foi registado em D1 x v2. Além disso, uma análise comparativa dos dados mostrou que, no primeiro ano da experiência, o número de folhas por planta foi marginalmente maior em 2018-19 do que no segundo ano.

Quadro 4.3: Efeito das datas de transplantação e das variedades no número de folhas da cebola *da kharif*

Variedades Datas de transplantação'"-^^	Número de folhas/planta aos 30 DAT							Número de folhas/planta aos 60 DAT						
	2018-19			2019-20			Agrupado	2018-19			2019-20			Agrupado
	Vi	V_2	Média	Vi	V_2	Média		Vi	V_2	Média	Vi	V_2	Média	

Di-30th agosto	2.13	2.65	2.39	2.59	2.88	2.73	2.56	4.51	4.68	4.59	4.50	4.63	4.56	4.58
Do-10th setembro	2.14	3.08	2.61	2.83	3.08	2.96	2.79	5.16	5.42	5.29	5.14	5.39	5.26	5.28
D -20$_3$th setembro	3.15	3.30	3.23	3.29	3.33	3.31	3.27	5.29	5.52	5.41	5.26	5.48	5.37	5.39
D4-30th setembro	2.97	3.64	3.31	3.13	3.59	3.36	3.33	5.33	6.13	5.69	5.33	6.04	5.73	5.71
D -10$_5$th outubro	3.22	3.11	3.16	3.25	3.12	3.18	3.17	5.18	5.17	5.17	5.13	5.16	5.15	5.16
De-20th outubro	3.45	3.12	3.28	3.50	3.11	3.31	3.30	5.58	5.38	5.48	5.55	5.38	5.46	5.47
D -30$_7$th outubro	2.89	2.92	2.91	3.19	2.92	3.05	2.98	5.25	5.55	5.40	5.21	5.52	5.37	5.38
Ds-10th N	3.18	3.04	3.11	3.21	3.04	3.13	3.12	5.31	5.37	5.34	5.24	5.27	5.26	5.30
Média	2.89	3.11		3.12	3.13			5.20	5.39		5.17	5.37		
SEm (±)	D	0.95			0.10				0.10			0.09		
	V	0.05			0.05				0.05			0.04		
	DxV	0.13			0.14				0.13			0.12		
CD (P= 0,05)	D	0.27			0.29				0.28			0.25		
	V	0.13			0.15				0.14			0.13		
	DxV	0.28			0.41				0.39			NS		

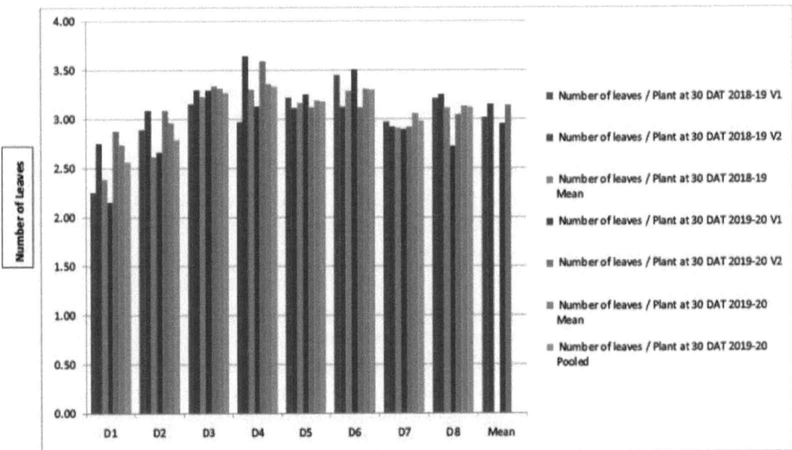

Fig 4.5 Efeito das datas de transplante e das variedades no número de folhas da cebola *kharif* aos 30 DAT.

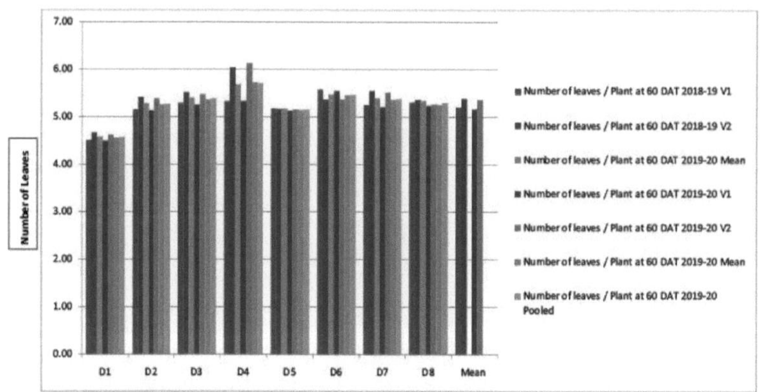

Fig 4.6 Efeito das datas de transplante e das variedades no número de folhas da cebola kharif aos 60 DAT.

Quadro 4.4: Efeito das datas de transplantação e das variedades no número de folhas da cebola *da kharif*

Variedades Datas de transplantação^ ^	Número de folhas/planta aos 90 DAT							Número de folhas/planta aos 120 DAT						
	2018-19			2019-20			Agrupado	2018-19			2019-20			Agrupado
	Vi	V_2	Médi	Vi	V_2	Médi		Vi	V_2	Médi	Vi	V_2	Médi	
D i-3 0th agosto	9.04	9.75	9.40	9.16	9.62	9.39	9.39	12.1	13.5	12.86	12.4	12.8	12.62	12.74
Di-10th setembro	9.30	10.2	9.76	9.32	9.93	9.62	9.69	13.1	14.6	13.89	13.4	13.7	13.58	13.73
D -20$_3$th setembro	10.11	9.91	10.01	10.2	9.68	9.96	9.98	13.8	14.4	14.14	13.5	14.3	13.94	14.04
D4-30th setembro	9.98	12.1	11.08	9.37	11.7	10.57	10.82	14.4	15.9	15.19	13.9	15.6	14.78	14.99
D -10$_5$th outubro	10.08	10.5	10.32	9.97	10.5	10.24	10.28	13.8	15.0	14.40	14.6	14.8	14.74	14.57
D -20$_6$th outubro	10.61	10.2	10.45	11.2	10.4	10.85	10.65	15.8	14.0	14.93	15.2	14.4	14.84	14.89
D -30$_7$th outubro	9.63	10.0	9.82	10.1	9.54	9.83	9.83	13.8	13.8	13.84	14.3	13.8	14.10	13.97
D -10$_8$th	10.70	9.50	10.10	10.6	9.13	9.87	9.98	14.1	14.0	14.12	14.3	13.6	14.00	14.06
Média	9.93	10.3		10.0	10.0			13.9	14.4		13.9	14.1		
SEm (±)	D	0.21			0.22				0.23			0.22		
	V	0.11			0.10				0.12			0.11		
	Dx	0.31			0.30				0.32			0.31		
CD (P= 0,05)	D	0.63			0.62				0.67			0.64		
	V	0.32			NS				0.33			0.32		
	Dx	0.89			0.88				0.94			0.90		

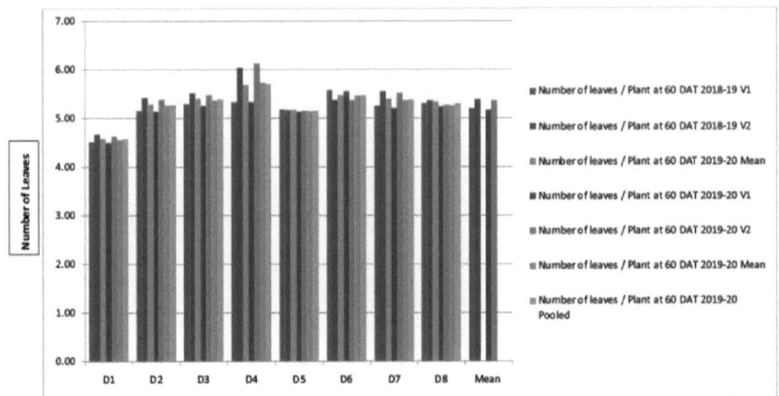

Fig 4.7 Efeito das datas de transplante e das variedades no número de folhas da cebola *kharif* aos 90 DAT.

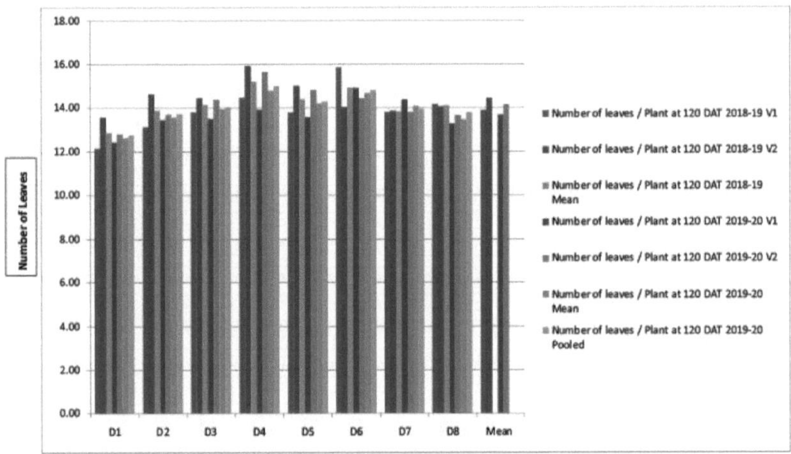

Fig 4.8 Efeito das datas de transplante e das variedades no número de folhas da cebola *kharif* aos 120 DAT.

4.1.3. O efeito das datas de transplante e da variedade no comprimento das folhas da cebola *kharif* aos 30, 60, 90 e 120 DAT

Os dados sobre o comprimento da folha foram mostrados na Tabela 4.5 e apresentados na Fig. 4.9. Ambos os anos de investigação (2018-19 e 2019-20) mostraram que o comprimento da folha aos 30 dias após o transplante (DAT) foi significativamente influenciado por diferentes datas de transplante e variedades.

Os resultados mostram no Quadro 4.1 que, aos 30 DAT, o comprimento máximo das folhas (22,16 cm e 22,06 cm) foi registado na data de transplante moderado D4. Seguiu-se a data transplantada D3 (19,24 cm e 19,47 cm) e D6 (21,48 cm e 21,40 cm), enquanto o comprimento mínimo da folha (18,19 cm e 17,93 cm) foi registado na data transplantada precoce D1 durante os dois anos de investigação (2018-19 e 2019-20).

As cultivares de cebola também tiveram um efeito significativo no comprimento das folhas. Os dados fornecidos mostraram que o comprimento máximo da folha (20,52 cm e 20,43 cm durante 2018-19 e 2019-20) foi registado com as cultivares V2 e o comprimento mínimo da folha foi registado sob a cultivar V1 (19,95 cm e 19,89cm durante 2018-19 e 2019-20).

O efeito da interação entre a data de transplante e as cultivares foi significativo no comprimento das folhas. O tratamento interativo D4 xV2 apresentou o comprimento de folha significativamente mais elevado (24,21 cm durante 2018-19 e 23,69 cm durante 201920). No entanto, o comprimento mais baixo das folhas (19,00 cm em 2018-19 e 18,29 cm em 2019-20) foi registado em D1 x V2. Além disso, uma análise comparativa dos dados mostrou que, no primeiro ano da experiência, o comprimento da folha em altura foi marginalmente maior em 2018-19 do que no segundo ano.

Os dados sobre o comprimento da folha são apresentados na Tabela 4.5 e na Fig 4.10. Mostram que o comprimento da folha aos 60 (DAT) foi significativamente influenciado por diferentes datas de transplante e variedades.

É óbvio que aos 60 DAT, o comprimento máximo das folhas (29,29 cm e 29,24 cm) foi registado na data de transplante moderado D4. Seguiu-se a data transplantada D3 (27,29 cm e 27,29 cm) e D6 (28,91cm e 28,80 cm), enquanto o comprimento mínimo da folha (25,11 cm e 24,56 cm) foi registado na data transplantada precoce D1 durante ambos os anos de investigação (2018-19 e 2019-20).

Os dados apresentados mostraram que o comprimento máximo das folhas (27,57 cm e 27,16 cm durante 2018-19 e 2019-20) foi registado com as cultivares V2 e o comprimento mínimo das folhas foi registado com as cultivares V1 (27,14 cm e 26,61 cm durante 2018-19 e 2019-20).

O tratamento D4 x V2 produziu um comprimento de folha significativamente mais elevado (30,36 cm durante 2018-19 e 29,94 cm durante 2019-20). No entanto, o comprimento mais baixo das folhas (25,34 cm em 2018-19 e 24,67 cm em 2019-20) foi registado em D1 x V2. Além disso, uma análise comparativa dos dados mostrou que, no primeiro ano da experiência, a altura da planta foi marginalmente maior em 2018-19 do que no segundo ano.

Os dados sobre o comprimento da folha são mostrados no Quadro 4.6 e são apresentados na Fig. 4.11, ambos os anos de investigação (2018-19 e 2019-20) mostraram que o comprimento da folha aos 90 (DAT) foi significativamente influenciado por diferentes datas de transplante e variedades.

Aos 90 DAT; o comprimento máximo das folhas (42,85 cm e 42,89 cm) foi registado na data de transplante moderado D4. Seguiu-se a data transplantada D3 (41,55 cm e 41,60 cm) e D6 (42,35 cm e 42,28 cm), enquanto o comprimento mínimo da folha (38,57 cm e 38,18 cm) foi registado na data transplantada precoce D1 durante ambos os anos de investigação (2018-19 e 2019-20).

O comprimento da folha significativamente mais elevado foi registado com o tratamento D4 x V2 (44,17 cm durante 2018-19 e 45,03 cm durante 2019-20). O comprimento mais baixo das folhas (39,82 cm em 2018-19 e 38,72 cm em 2019-20) foi registado no tratamento D1 x V2. Além disso, uma análise comparativa dos dados mostrou que, no primeiro ano da experiência, a altura da planta foi marginalmente maior em 2018-19 do que no segundo ano.

Ambos os anos de investigação (2018-19 e 2019-20) mostraram que o comprimento da folha aos 120 dias após o transplante (DAT) foi significativamente influenciado por diferentes datas de transplante e variedades. (Tabela 4.6 e Fig. 4.12)

Aos 120 DAT, o comprimento máximo das folhas (47,80 cm e 47,60 cm) foi registado na data de transplante moderado D4. Seguiu-se a data transplantada D3 (47,18 cm e 46,82 cm) e D6 (47,40 cm e 47,16 cm), enquanto o comprimento mínimo da folha (43,81 cm e 43,34 cm) foi registado na data transplantada precoce D1 durante os dois anos de investigação (2018-19 e 2019-20).

No entanto, as cultivares de cebola também tiveram um efeito significativo no comprimento das folhas. Os dados fornecidos mostraram que o comprimento máximo da folha (46,70 cm e 45,69 cm durante 2018-19 e 2019-20) foi registado com as cultivares V2 e o comprimento mínimo da folha foi registado sob as cultivares V1 (45,62 cm e 45,20 cm durante 2018-19 e 2019-20).

O efeito de interação entre a data de transplante e as cultivares mostrou que a D4 xV2 produziu o comprimento de folha significativamente mais elevado (49,58 cm durante 2018-19 e 48,89 cm durante 2019-20). No entanto, o menor comprimento de folha (44,37 cm em 2018-19 e 43,61 cm em 2019-20) foi registado em D1 x V2. Além disso, uma análise comparativa dos dados mostrou que, no primeiro ano da experiência, a altura da planta foi marginalmente maior em 2018-19 do que no segundo ano.

Quadro 4.5: Efeito das datas de transplantação e das variedades no comprimento das folhas da cebola *da campanha*

Variedades Datas de transplantação^^	Comprimento das folhas aos 30 DAT							Comprimento das folhas aos 60 DAT						
	2018-19			2019-20			Agrupado	2018-19			2019-20			Agrupado
	Vi	V2	Média	Vi	V2	Média		Vi	V2	Média	Vi	V2	Média	
D i-3 0th agosto	17.37	19.00	18.19	16.81	18.29	17.55	17.93	24.87	25.34	25.11	22.81	24.67	23.74	24.56
Di-10th setembro	19.82	20.15	19.99	19.63	20.00	19.81	19.92	25.79	26.19	25.99	25.27	26.04	25.66	25.86
D -20$_3$th setembro	19.26	19.22	19.24	19.60	20.01	19.81	19.47	26.91	27.67	27.29	26.58	27.13	26.85	27.29
D4-30th setembro	20.11	24.21	22.16	20.11	23.69	21.90	22.06	28.22	30.36	29.29	28.38	29.94	29.16	29.24
D -10$_5$th outubro	19.60	20.08	19.84	19.93	20.28	20.11	19.94	27.95	27.85	27.90	27.80	26.70	27.25	27.64
D -20$_6$th outubro	23.03	19.92	21.48	22.13	20.46	21.30	21.40	29.49	28.32	28.91	28.97	28.32	28.65	28.80
D -30$_7$th outubro	19.53	21.15	20.34	19.72	20.53	20.12	20.25	27.34	28.06	27.70	27.10	27.76	27.43	27.59
D -10$_8$th novembro	20.87	20.47	20.67	21.21	20.20	20.71	20.68	26.53	26.76	26.64	25.99	26.76	26.38	26.54
Média	19.95	20.52		19.89	20.43			27.14	27.57		26.61	27.16		
SEm (±)	D	0.36			0.28				0.27			0.26		
	V	0.18			0.14				0.14			0.13		
	Dx V	0.51			0.39				0.38			0.36		
CD (P= 0,05)	D	1.04			0.82				0.79			0.76		
	V	0.52			0.41				0.39			0.38		
	Dx V	1.48			1.15				1.12			1.07		

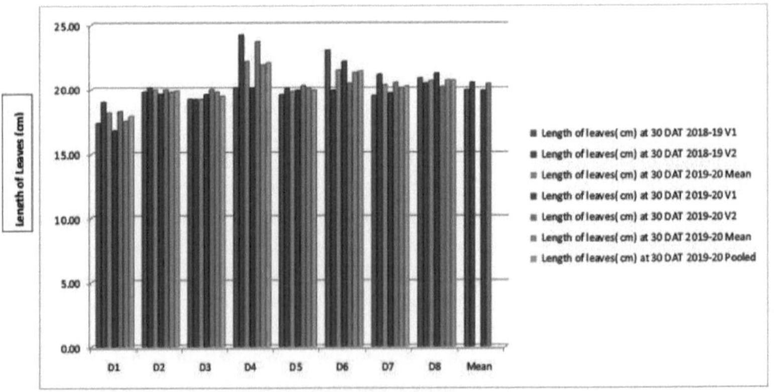

Fig. 4.9 Efeito das datas de transplante e das variedades no comprimento das folhas da cebola *da quaresma* aos 30 DAT.

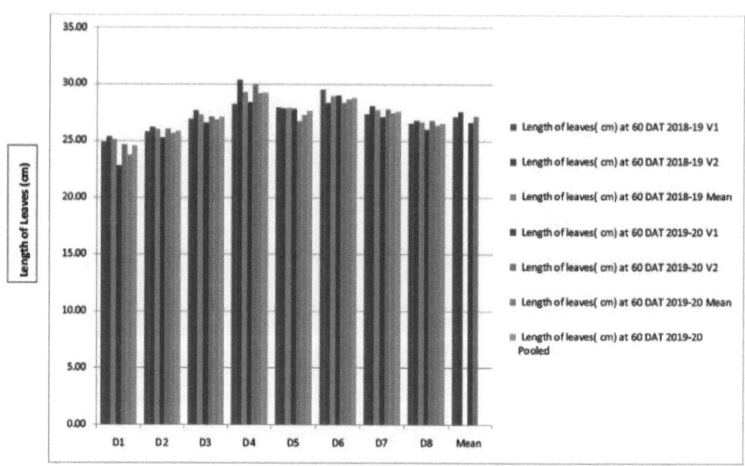

Fig 4.10 Efeito das datas de transplante e das variedades no comprimento das folhas da cebola *kharif* aos 60 DAT.

Quadro 4.6: Efeito das datas de transplantação e das variedades no comprimento da folha da cebola *da kharif*

Variedades Datas de transplantação^' ^	Comprimento das folhas aos 90 DAT							Comprimento das folhas aos 120 DAT						
	2018-19			2019-20			Agrupado	2018-19			2019-20			Agrupado
	Vi	V2	Média	Vi	V2	Média		Vi	V2	Média	Vi	V2	Média	
D i-3 0th agosto	37.32	39.82	38.57	36.48	38.72	37.60	38.18	43.26	44.37	43.81	41.68	43.61	42.64	43.34
D -10_2^{th} setembro	38.51	40.78	39.65	40.84	41.12	40.98	40.18	44.70	46.12	45.41	44.16	44.87	44.51	45.05
D3-20th setembro	41.44	41.66	41.55	42.13	41.24	41.68	41.60	46.99	47.37	47.18	45.83	46.70	46.27	46.82
D -30_4^{th} setembro	41.52	44.17	42.85	40.87	45.03	42.95	42.89	46.03	49.58	47.80	45.70	48.89	47.29	47.60
D -10_5^{th} outubro	40.90	40.70	40.80	41.27	40.19	40.73	40.77	45.42	45.53	45.48	46.10	44.92	45.51	45.49
De-20th outubro	43.28	41.42	42.35	43.18	41.19	42.18	42.28	46.61	48.19	47.40	47.49	46.11	46.80	47.16
D -30_7^{th} outubro	40.54	41.28	40.91	40.88	41.96	41.42	41.11	45.27	45.33	45.30	44.97	43.68	44.33	44.91
Ds-10th N ovembro	41.70	40.69	41.20	40.83	41.09	40.96	41.10	46.69	47.09	46.89	45.68	46.75	46.22	46.62
Média	40.65	41.31		40.81	41.32			45.62	46.70		45.20	45.69		
SEm (±)	D	0.32			0.31				0.29			0.26		
	V	0.16			0.16				0.15			0.13		
	Dx V	0.46			0.45				0.41			0.36		
CD (P= 0,05)	D	0.94			0.92				0.85			0.74		

	V	0.47			0.46				0.42			0.37		
	Dx V	1.33			1.29				1.19			1.05		

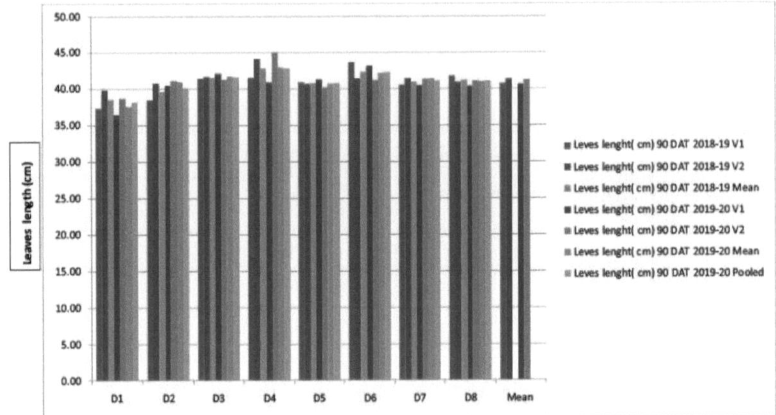

Fig 4.11 Efeito das datas de transplante e das variedades no comprimento das folhas da cebola *kharif* aos 90 DAT.

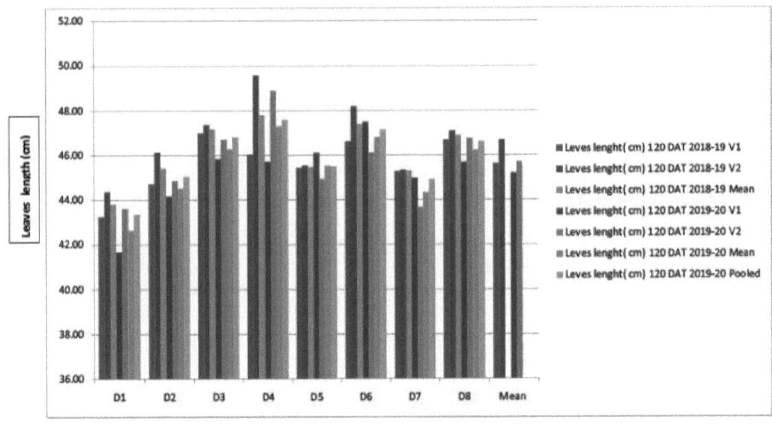

Fig 4.12 Efeito das datas de transplante e das variedades no comprimento das folhas da cebola *kharif* aos 120 DAT.

4.1.4. O efeito das datas de transplantação e das variedades na espessura do colo da cebola *kharif* aos 30, 60, 90 e 120 DAT

O Quadro 4.7 e a Figura 4.13 mostram que a espessura do colo aos 30 dias após o transplante (DAT) foi significativamente influenciada pelas diferentes datas de transplante e variedades.

Aos 30 DAT, a espessura máxima do colo (10,35 mm e 10,95 mm) foi registada na data de transplante moderada D4. Seguiram-se as datas de transplante D3 (10,35 mm e 10,23 mm) e D6 (10,77 mm e 10,73 mm), enquanto a espessura mínima do colo (9,55 mm e 9,33 mm) foi registada na data de transplante precoce D1 durante os dois anos de investigação (2018-19 e 2019-20).

No entanto, as cultivares de cebola tiveram um efeito significativo na espessura do colo. Os dados apresentados mostraram que a espessura máxima do colo (10,45 mm e 10,36 mm durante 2018-19 e

2019-20) foi registada com as cultivares V2 e a espessura mínima do colo foi registada com as cultivares V1 (10,18 mm e 10,09 mm durante 2018-19 e 2019-20). O efeito de interação entre a data de transplantação e as cultivares foi significativo no comprimento da folha. O tratamento interativo D4 xV2 produziu a espessura do colo significativamente mais elevada (11,54 mm durante 2018-19 e 11,83 mm durante 2019-20). No entanto, a menor espessura do colo (9,91 mm em 2018-19 e 9,53 mm em 2019-20) foi registada em D1xV2. Além disso, uma análise comparativa dos dados mostrou que, no primeiro ano da experiência, a altura da espessura do colo da planta foi marginalmente maior em 2018-19 do que no segundo ano.

Os dados sobre a espessura do colo são mostrados no Quadro 4.7 e são apresentados na Fig. 4.14 ambos os anos de investigação (2018-19 e 2019-20) mostraram que a espessura do colo aos 60 DAT foi significativamente influenciada por diferentes datas de transplante e variedades.

Os dados revelaram que, aos 60 DAT, a espessura máxima do colo (13,45 mm e 13,36 mm) foi registada na data de transplante moderada D4. Seguiram-se as datas de transplante D3 (12,63 mm e 12,32 mm) e D6 (13,28 mm e 13,12 mm), enquanto a espessura mínima do colo (11,89 mm e 11,45 mm) foi registada na data de transplante precoce D1 durante os dois anos de investigação (2018-19 e 201920).

Os dados registados mostraram que a espessura máxima do colo (12,91 mm e 12,47 mm durante 2018-19 e 2019-20) foi registada com as cultivares V2 e a espessura mínima do colo foi registada sob as cultivares V1 (12,72 mm e 12,08 mm durante 2018-19 e 2019-20). O efeito de interação entre a data de transplante e as cultivares foi significativo no comprimento da folha. O tratamento interativo D4 x V2 produziu a espessura do colo significativamente mais elevada (14,26 mm durante 2018-19 e 14,05 mm durante 2019-20). No entanto, a menor espessura do colo (12,31 mm em 2018-19 e 11,91 mm em 2019-20) foi registada em D1 x V2. Além disso, uma análise comparativa dos dados mostrou que, no primeiro ano da experiência, a altura da espessura do colo da planta foi marginalmente maior em 2018-19 do que no segundo ano.

Ambos os anos de investigação (2018-19 e 2019-20) mostraram que a espessura do colo aos 90 DAT foi significativamente influenciada por diferentes datas de transplante e variedades. (Tabela 4.8 e Fig. 4.15)

A espessura máxima do colo (18,39 mm e 18,51 mm) foi registada na data de transplante moderada D4. Seguiram-se as datas de transplante D3 (18,02 mm e 17,97 mm) e D6 (18,45 mm e 18,44 mm), enquanto a espessura mínima do colo (16,91 mm e 16,41 mm) foi registada na data de transplante precoce D1 durante ambos os anos de investigação (2018-19 e 2019-20).

No caso da influência varietal, os dados fornecidos mostraram que a espessura máxima do pescoço (18,11 mm e 17,63 mm durante 2018-19 e 2019-20) foi registada com as cultivares V2 e a espessura mínima do pescoço foi registada com as cultivares V1 (17,67 mm e 17,09 mm durante 2018-19 e 2019-20).

O efeito da interação entre a data de transplante e as cultivares foi significativo no comprimento das folhas. O tratamento interativo D4 xV2 produziu a espessura do colo significativamente mais elevada (20,00 mm durante 2018-19 e 19,07 mm durante 2019-20). No entanto, a menor espessura do colo (17,47 mm em 2018-19 e 16,35 mm em 2019-20) foi registada em D1 x V2. Além disso, uma análise comparativa dos dados mostrou que, no primeiro ano da experiência, a altura da espessura do colo foi marginalmente maior em 2018-19 do que no segundo ano.

Os dados sobre a espessura do colo são apresentados no Quadro 4.8 e na Fig. 4.16. Ambos os anos de investigação (2018-19 e 2019-20) mostraram que a espessura do colo aos 120 DAT foi significativamente influenciada por diferentes datas de transplante e variedades.

Enquanto que, aos 120 DAT, a espessura máxima do colo (23,38 mm e 23,19 mm) foi registada na data de transplante moderada D4. Seguiu-se a data transplantada D3 (22,54 mm e 22,22 mm) e D6 (23,27 mm e 23,03 mm), enquanto a espessura mínima do pescoço (21,62 mm e 21,45 mm) foi registada na data transplantada precoce D1 durante ambos os anos de investigação (2018-19 e 2019-20).

Foi demonstrado que a espessura máxima do colo (22,97 mm e 22,48 mm durante 2018-19 e 2019-20) foi registada com as cultivares V2 e a espessura mínima do colo foi registada com as cultivares V1

(22,47 mm e 21,98 mm durante 2018-19 e 2019-20).

O efeito da interação entre a data de transplante e as cultivares foi significativo no comprimento das folhas. O tratamento interativo D4 xV2 registou a espessura do colo significativamente mais elevada (24,11 mm durante 2018-19 e 23,87 mm durante 2019-20). No entanto, a menor espessura do colo (22,74 mm em 2018-19 e 21,79 mm em 2019-20) foi registada em D1 x V2. Além disso, uma análise comparativa dos dados mostrou que, no primeiro ano da experiência, a altura da espessura do colo da planta foi marginalmente maior em 2018-19 do que no segundo ano.

Quadro 4.7: Efeito das datas de transplantação e das variedades na espessura do colo da cebola *da campanha*

Variedades Datas de transplantação^ ^	Espessura do pescoço (mm) aos 30 DAT							Espessura do colo (mm) aos 60 DAT						
	2018-19			2019-20			Agrupado	2018-19			2019-20			Agrupado
	Vi	V2	Média	Vi	V2	Média		Vi	V2	Média	Vi	V2	Média	
Di-30th agosto	9.19	9.91	9.55	8.71	9.53	9.12	9.33	11.47	12.31	11.89	10.13	11.91	11.02	11.45
D -10₂th setembro	10.22	10.33	10.28	10.00	10.23	10.11	10.19	13.02	12.47	12.75	11.80	11.62	11.71	12.23
D3-20th setembro	10.18	10.52	10.35	9.90	10.34	10.12	10.23	12.55	12.71	12.63	11.86	12.16	12.01	12.32
D4-30th setembro	10.16	11.54	10.85	10.27	11.83	11.05	10.95	12.65	14.26	13.45	12.49	14.05	13.27	13.36
D -10₅th outubro	10.25	10.28	10.26	10.44	10.21	10.32	10.29	13.09	12.69	12.89	12.46	12.69	12.57	12.73
De-20th outubro	10.98	10.56	10.77	10.96	10.40	10.68	10.73	13.44	13.11	13.28	13.49	12.44	12.97	13.12
D -30₇th outubro	10.19	10.11	10.15	10.10	10.07	10.09	10.12	12.95	13.02	12.99	12.71	12.65	12.68	12.83
D -10₈th N ovembro	10.25	10.37	10.31	10.33	10.25	10.29	10.30	12.56	12.67	12.61	11.67	12.23	11.95	12.28
Média	10.18	10.45		10.09	10.36			12.72	12.91		12.08	12.47		
SEm (±)	D	0.12			0.15				0.09			0.10		
	V	0.06			0.07				0.04			0.09		
	Dx V	0.17			0.21				0.12			0.28		
CD (P= 0,05)	D	0.35			0.44				0.26			0.57		
	V	0.17			0.22				0.13			0.28		
	Dx V	0.49			0.62				0.37			0.81		

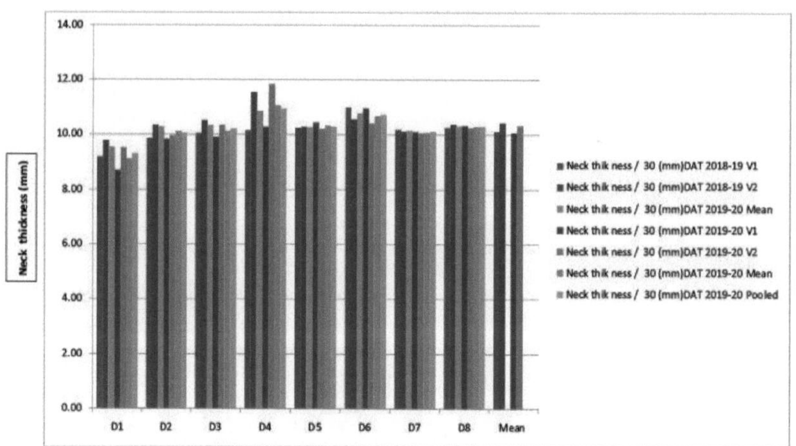

Quadro 4.13 Efeito das datas de transplantação e das variedades na espessura do colo da cebola *da quaresma* aos 30 DAT.

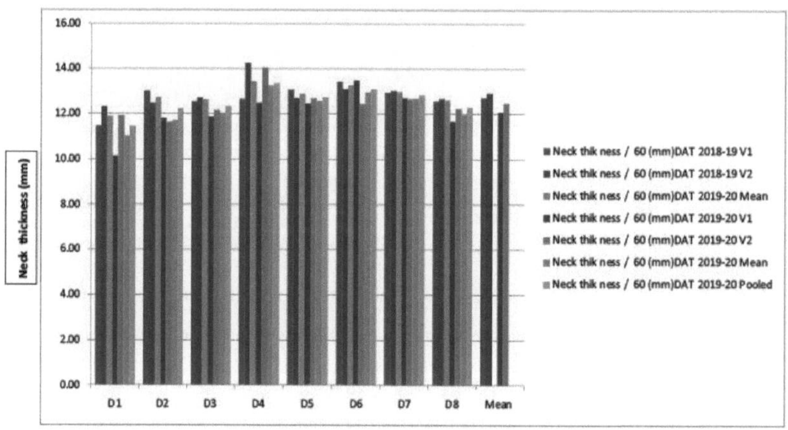

Fig 4.14 Efeito das datas de transplantação e das variedades na espessura do colo da cebola *kharif* aos 60 DAT.

Foto 11: Medição da espessura do pescoço

Foto 12: Pulverização de inseticida no campo experimental

Quadro 4.8: Efeito das datas de transplantação e das variedades na espessura do colo da cebola *da campanha.*

Variedades Datas de transplantação ^'	Espessura do colo (mm) aos 90 DAT							Espessura do colo (mm) a 120 DAT						
	2018-19			2019-20			Agrupado	2018-19			2019-20			Agrupado
	'V	V2	Média	Vi	V2	Média		Vi	V2	Média	Vi	V2	Média	
Di-30th agosto	16.35	17.47	16.91	15.47	16.35	15.91	16.41	20.50	22.74	21.62	20.76	21.79	21.27	21.45
Do-10th setembro	16.97	17.64	17.30	16.19	17.16	16.68	16.99	21.58	22.77	22.18	21.81	23.04	22.42	22.30
D -20_3^{th} setembro	17.85	18.1	18.02	17.8	18.0	17.93	17.97	22.5	22.5	22.54	21.8	21.9	21.89	22.22

		8		2	4			0	9		7	1		
D4-30th setembro	17.72	19.07	18.39	17.26	20.00	18.63	18.51	22.66	24.11	23.38	22.15	23.87	23.01	23.19
D -10$_5$th outubro	18.33	17.87	18.10	17.52	16.86	17.19	17.64	23.21	22.85	23.03	22.83	21.72	22.28	22.65
De-20th outubro	18.63	18.26	18.45	19.01	17.86	18.43	18.44	23.78	22.75	23.27	22.84	22.75	22.80	23.03
D -30$_7$th outubro	17.89	18.24	18.07	16.81	16.92	16.86	17.46	23.00	22.80	22.90	22.14	21.85	22.00	22.45
Ds-10th Novembro	17.60	18.13	17.86	16.67	17.83	17.25	17.56	22.51	23.13	22.82	21.47	22.93	22.20	22.51
Média	17.67	18.11		17.09	17.63			22.47	22.97		21.98	22.48		
SEm (±)	D	0.18			0.30				0.15			0.24		
	V	0.09			0.15				0.07			0.12		
	Dx V	0.26			0.42				0.21			0.34		
CD (P= 0,05)	D	0.54			0.86				0.44			0.70		
	V	0.27			0.43				0.22			0.35		
	Dx V	0.77			1.22				0.63			0.99		

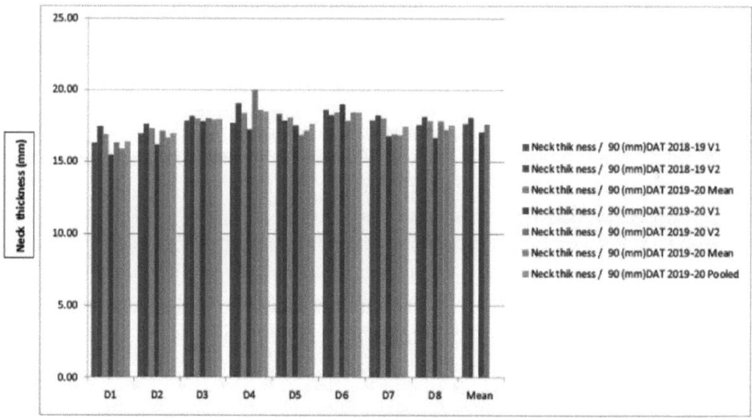

Fig 4.15 Efeito das datas de transplantação e das variedades na espessura do colo da cebola *kharif* aos 90 DAT.

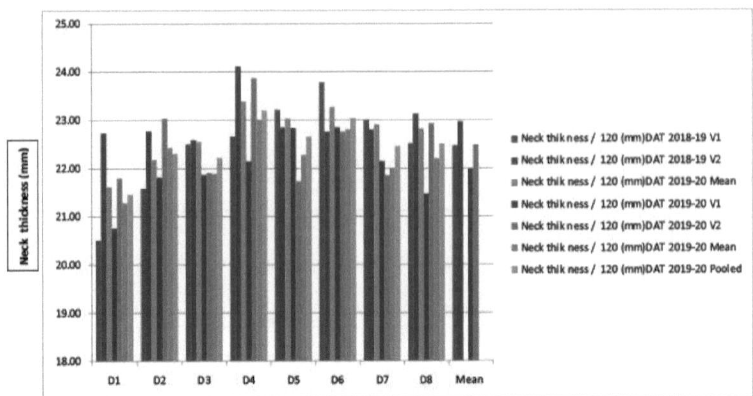

Fig 4.16 Efeito das datas de transplantação e das variedades na espessura do colo da cebola *kharif* aos 120 DAT.

4.1.5. O efeito das datas de transplantação e das variedades nos dias de colheita da cebola *kharif*.

Os dados sobre o dia de colheita a partir do transplante são apresentados no Quadro 4.9 e na Fig. 4.17 e mostram que o dia de colheita aos dias após o transplante (DAT) foi significativamente influenciado pelas diferentes datas de transplante e variedades.

Os dias máximos de colheita (131,50 e 131,43 dias) foram registados na data de transplante moderado D4, seguido da data de transplante D3 (126,17 dias e 126,17 dias) e D6 (139,50 dias e 138,00 dias), enquanto os dias mínimos de colheita (122,83 dias e 123,08 dias) foram registados na data de transplante precoce D1 durante os dois anos de investigação (2018-19 e 2019-20).

No entanto, as cultivares de cebola tiveram um efeito significativo no dia da colheita. Os dados fornecidos mostraram que o dia máximo para a colheita (133,04 dias e 132,67 dias durante 2018-19 e 2019-20) foi registado com a cultivar V2 e o dia mínimo para a colheita foi registado sob a cultivar V1 (131,67 dias e 131,54 dias durante 2018-19 e 2019-20).

O efeito de interação entre a data de transplante e as cultivares foi significativo no dia da colheita. O tratamento combinado D4 x V2 produziu o dia de colheita significativamente mais alto (133 dias durante 2018-19 e 132 dias durante 2019-20). No entanto, o menor dia de colheita (124 dias em 2018-19 e 123 dias em 2019-20) foi registado em D1 x V2. Além disso, uma análise comparativa dos dados mostrou que, no primeiro ano do experimento, o dia da colheita foi marginalmente maior em 2018-19 do que no segundo ano.

Quadro 4.9: Efeito das datas de transplantação e das variedades nos dias de colheita da cebola *kharif*.

Variedades Datas de transplantação	Dias até à colheita						
	2018-19			2019-20			Agrupado
	Vi	V2	Média	Vi	V2	Média	
Di-30th agosto	122	124	122.83	123	124	123.33	123.08
D -10₂th setembro	125	123	124.17	126	123	124.67	124.42
D3-20th setembro	127	125	126.17	127	125	126.17	126.17
D -30₄th setembro	130	133	131.50	130	133	131.50	131.50
D -10₅th outubro	135	132	133.50	144	142	142.67	138.08
D -20₆th outubro	134	145	139.50	131	142	136.50	138.00
D -30₇th outubro	137	140	138.50	137	140	138.50	138.50
D -10₈th N ovembro	144	142	142.67	135	132	133.50	138.08

Média	131.67	133.04		131.54	132.67		
SEm (±)	D	0.51			0.50		
	V	0.25			0.25		
	DxV	0.72			0.70		
CD (P= 0,05)	D	1.47			1.44		
	V	0.73			0.72		
	DxV	2.07			2.03		

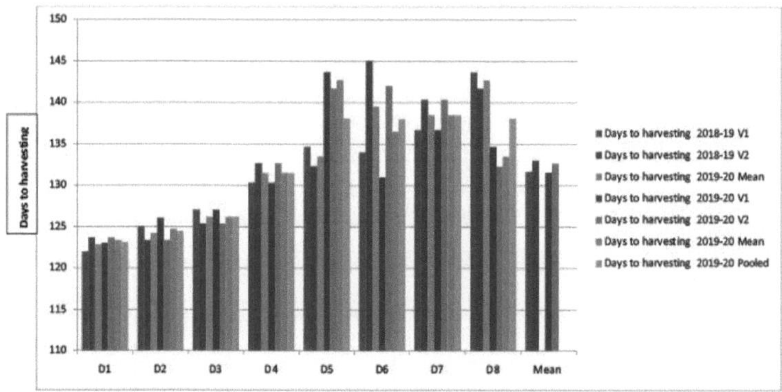

Fig 4.17 Efeito das datas de transplantação e das variedades nos dias de colheita da cebola *da campanha*

4.1.6. O efeito da data de transplantação e da variedade no peso fresco do bolbo *da* cebola *da campanha agrícola*

Os dados sobre o peso fresco do bolbo são mostrados no Quadro 4.10 e apresentados na Fig. 4.18. Os dados de ambos os anos de investigação (2018-19 e 2019-20) mostraram que o peso fresco do bolbo dias após a transplantação (DAT) foi significativamente influenciado por diferentes datas de transplantação e variedades.

Isto é claro na Tabela 4.10, o peso fresco do bolbo (117.08 g e 116.26 g) foi registado na data de transplante moderada D4. Seguiram-se as datas de transplante D3 (93,22 g e 93,01 g) e D6 (114,14 g e 114,14 g), enquanto o peso fresco mínimo do bolbo (79,45 g e 79,16 g) foi registado na data de transplante precoce D1 durante ambos os anos de investigação (2018-19 e 2019-20).

As cultivares de cebola também tiveram um efeito significativo no peso fresco do bolbo. Os dados fornecidos mostraram que o peso fresco máximo do bolbo (103,11 g e 101,26 g durante 2018-19 e 2019-20) foi registado com as cultivares V2 e o peso fresco mínimo do bolbo foi registado sob as cultivares V1 (70,11 g e 69,22 g durante 2018-19 e 2019-20).

Houve um efeito significativo no peso fresco do bolbo devido à interação entre as datas de transplante e a variedade. O tratamento interativo D4 xV2 produziu significativamente o peso fresco do bolbo (80,36 g durante 2018-19 e 77,39 g durante 2019-20). No entanto, o menor peso fresco do bolbo (63,69 g durante 2018-19 e 62,21 g durante 2019-20) foi registado sob D1 x V2. Além disso, uma análise comparativa dos dados mostrou que, no primeiro ano do experimento, o dia da colheita foi marginalmente maior em 2018-19 do que no segundo ano.

4.1.7. Efeito das datas de transplantação e das variedades no peso médio dos bolbos da cebola *da campanha.*

O quadro 4.10 e a figura 4.19 mostram que o peso médio dos bolbos foi significativamente influenciado pelas diferentes datas de transplante e variedades.

O peso médio dos bolbos (80,36 g e 77,27 g) foi registado na data de transplante moderada D4. Seguiu-se a data transplantada D3 (72,49 g e 71,70 g) e D6 (78,13 g e 75,22 g), enquanto o peso médio mínimo do bolbo (61,93g e 61,49 g) foi registado na data transplantada precoce D1 durante ambos os anos de investigação (2018-19 e 2019-20).

O apresentado também mostrou que o peso médio máximo do bolbo (71,67 g e 70,17 g durante 2018-19 e 2019-20) foi registado com as cultivares V2 e o peso médio mínimo do bolbo foi registado sob as cultivares V1 (70,11 g e 69,22 g durante 2018-19 e 2019-20respectivamente).

As datas de transplante da variedade também tiveram um efeito significativo no peso médio dos bolbos. O tratamento interativo D4 x V2 produziu o peso médio de bolbo significativamente mais elevado (80,36 g durante 2018-19 e 77,39 g durante 2019-20). No entanto, o menor peso médio do bolbo (63,69 g durante 2018-19 e 62,21 g durante 2019-20) foi registado sob D1 x V2.

Quadro 4.10: Efeito das datas de transplantação e das variedades no peso fresco do bolbo e no peso médio do bolbo (g) após a cura da cebola *da campanha.*

variedade Datas de transplantação ^^	**Peso fresco do bolbo (g)**							**Peso médio do bolbo (g) após a cura**						
	2018-19			**2019-20**			**Agrupado**	**2018-19**			**2019-20**			**Agrupado**
	Vi	V2	**Média**	**Vi**	V2	**Média**		**Vi**	V2	**Média**	**Vi**	V2	**Média**	
D i-3 0th agosto	74.33	84.57	79.45	73.87	83.87	78.87	79.16	60.17	63.69	61.93	59.91	62.21	61.06	61.49
D -10$_2^{th}$ setembro	87.63	93.13	90.38	86.73	92.47	89.60	89.99	65.53	67.13	66.33	64.83	66.17	65.50	65.92
D3-20th setembro	96.37	90.07	93.22	95.37	90.23	92.80	93.01	70.21	74.78	72.49	69.43	72.39	70.91	71.70
D4-30th setembro	110.40	123.77	117.08	109.47	121.40	115.43	116.26	74.98	80.36	80.36	75.27	77.39	75.27	77.27
D -10$_5^{th}$ outubro	103.60	107.07	105.33	104.47	107.07	105.77	105.55	71.83	73.47	72.65	70.67	69.17	69.92	71.28
De-20th outubro	116.80	111.47	114.14	117.17	100.27	108.72	114.14	78.13	69.17	78.13	76.20	73.47	76.20	75.22
D -30$_7^{th}$ outubro	109.67	106.43	108.05	97.30	106.43	101.87	104.96	72.50	68.37	70.44	71.80	68.37	70.08	70.26
D -10$_8^{th}$ novembro	98.50	108.37	103.43	99.00	108.37	103.68	103.56	67.57	76.40	71.98	65.67	72.19	68.93	70.46
Média	99.66	103.11		97.92	101.26			70.11	71.67		69.22	70.17		
SEm (±)	D	0.53			0.48				0.65			0.52		
	V	0.26			0.24				0.32			0.26		
	DxV	0.75			0.68				0.92			0.73		
CD (P= 0,05)	D	1.54			1.40				1.88			1.50		
	V	0.77			0.70				0.94			0.75		
	DxV	2.18			1.98				2.67			2.12		

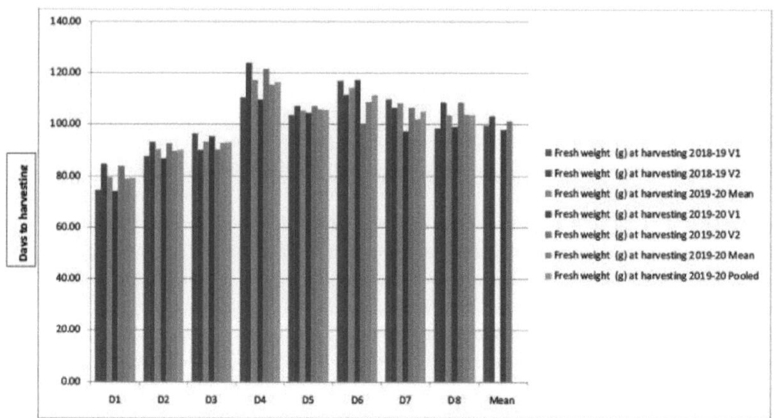

Fig 4.18 Efeito das datas de transplantação e das variedades no peso fresco (g) da cebola *kharif*.

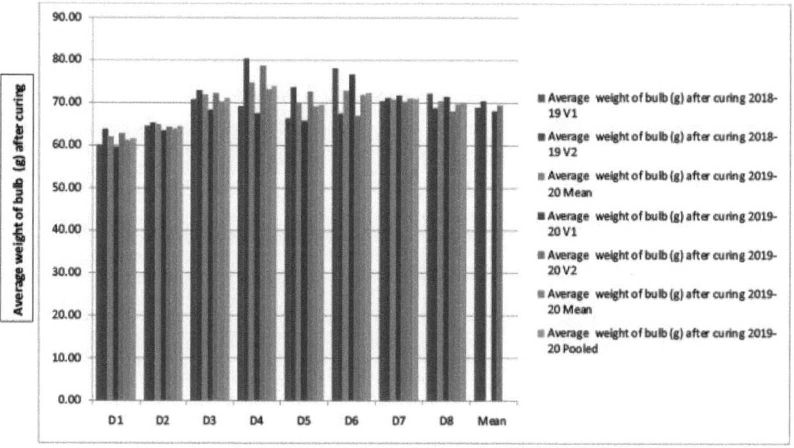

Fig 4.19 Efeito das datas de transplante e das variedades no peso médio do bolbo (g) após a cura da cebola *kharif*.

4.1.8. Efeito das variedades e das datas de transplantação no rendimento em bolbos da cebola *da campanha agrícola*

Ambos os anos de investigação (2018-19 e 2019-20) mostraram que o rendimento kg/parcela dias após o transplante (DAT) foi significativamente influenciado por diferentes datas de transplante e variedades. (Tabela 4.11 e Fig. 4.20)

O rendimento máximo por parcela (10,1 kg e 10,02 kg) foi registado na data de transplante moderada D4. Seguiu-se a data transplantada D3 (9,32 kg e 9,31 kg) e D6 (9,55 kg e 9,46 kg), enquanto o rendimento kg / parcela (8,05 kg e 7,99 kg) foi registado na data transplantada precoce D1 durante os dois anos de investigação (2018-19 e 2019-20).

A variedade V2 apresentou o rendimento máximo (9,29 kg e 9,16 kg durante 2018-19 e 2019-20) e o rendimento mínimo foi registado nas cultivares V1 (9,11 kg e 8,97 kg durante 2018-19 e 2019-20).

O efeito de interação entre a data de transplante e as cultivares foi significativo no rendimento (kg/parcela). O tratamento interativo D4 xV2 produziu o rendimento significativo em kg/parcela (10,45 kg durante 2018-19 e 10,19 kg durante 2019-20). No entanto, o rendimento mais baixo (8,28 kg durante

2018-19 e 8,09 kg durante 2019-20) foi registado sob D1 x V2.

4.1.9. Efeito das datas de transplantação e da variedade no rendimento *da* cebola (q/ha) *na campanha agrícola*

Os dados sobre o rendimento também foram registados resultados semelhantes para o rendimento (q/ha) e apresentados no Quadro 4.11 e na Figura 4.21, ambos os anos de investigação (2018-19 e 2019-20) mostraram que o rendimento em quintais por hectare dias após a transplantação (DAT) foi significativamente influenciado por diferentes datas de transplantação e variedades.

Os dados revelados no DAT, o rendimento quintal por hectare (383,29 q/ha e 382,68q/ha) foi registado sob a data de transplante moderada de D4. Seguiu-se a data transplantada D3 (354,05 q/ha e 355,80 q/ha) e D6 (371,84 q/ha e 365,89 q/ha), enquanto o rendimento mínimo de quintal por hectare (309,65 q/ha e 307,49 q/ha) foi registado na data transplantada precoce D1 durante ambos os anos de investigação (2018-19 e 2019-20).

Os dados obtidos mostraram que o comprimento máximo do bolbo (357,84 q/ha e 351,98 q/ha durante 2018-19 e 2019-20) foi registado com as cultivares V2 e o quintal de rendimento mínimo foi registado sob as cultivares V1 (350,21 q/ha e 344,96 q/ha durante 2018-19 e 2019-20).

O efeito de interação entre a data de transplante e as cultivares foi significativo e o tratamento D4 x V2 produziu o quintal de rendimento significativo (395,87 q/ha durante 2018-19 e 391,95 q/ha durante 2019-20). No entanto, o quintal de rendimento mais baixo (318,42 q/ha durante 2018-19 e 311,07 q/ha durante 2019-20) foi registado sob D1 x V2.

Quadro 4.11: Efeito da data de transplantação e das variedades no rendimento em bolbos (kg por parcela e q/ha) da cebola *da quaresma*

Variedades	Kg/parcela							Rendimento dos bolbos (q /ha)						
Datas de transplantação ^^	2018-19			2019-20			Agrupado	2018-19			2019-20			Agrupado
	Vi	V2	Média	Vi	V2	Média		Vi	V2	Média	Vi	V2	Média	
Di-30th agosto	7.82	8.28	8.05	7.79	8.09	7.94	7.99	300.87	318.42	309.65	299.57	311.07	305.32	307.49
D -10$_2^{th}$ setembro	8.52	8.73	8.63	8.43	8.60	8.52	8.57	327.65	335.67	331.66	324.15	327.82	325.98	328.82
D3-20th setembro	9.13	9.51	9.32	9.03	9.57	9.30	9.31	351.02	357.07	354.05	347.15	367.97	357.56	355.80
D -30$_4^{th}$ setembro	9.75	10.45	10.1	9.68	10.19	9.93	10.02	370.71	395.87	383.29	372.20	391.95	382.07	382.68
D -10$_5^{th}$ outubro	9.34	9.55	9.45	9.15	9.38	9.26	9.35	374.42	362.31	368.37	351.97	360.67	356.32	362.34
D -20$_6^{th}$ outubro	10.11	8.99	9.55	9.82	8.91	9.36	9.46	379.50	364.18	371.84	377.35	342.55	359.95	365.89
D -30$_7^{th}$ outubro	9.43	8.89	9.16	9.33	8.76	9.05	9.10	360.02	347.21	353.62	359.00	336.85	347.92	350.77
D -10$_8^{th}$ N ovembro	8.78	9.93	9.36	8.54	9.80	9.17	9.26	337.50	381.97	359.73	328.32	376.97	352.65	356.19
Média	9.11	9.29		8.97	9.16			350.21	357.84		344.96	351.98		
SEm (±)	D	0.08			0.07				5.42			2.94		
	V	0.04			0.04				2.71			1.47		
	Dx V	0.12			0.10				7.66			4.16		
CD (P= 0,05)	D	0.24			0.21				15.73			8.54		
	V	0.12			0.11				NS			4.27		
	Dx	0.34			0.30				22.24			12.08		

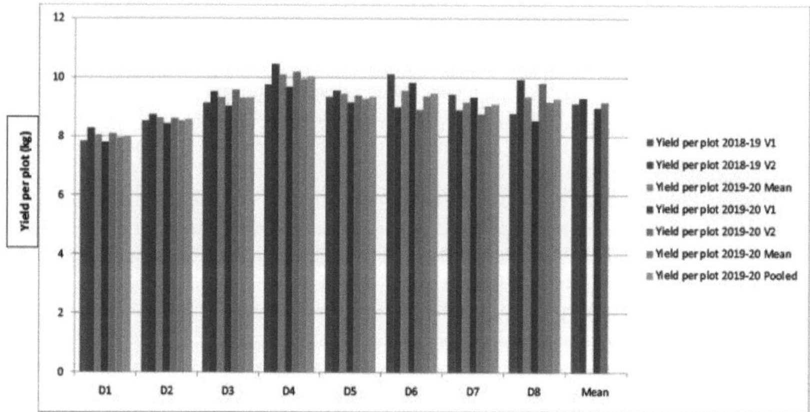

Fig 4.20 Efeito das datas de transplantação e das variedades no rendimento (kg/parcela).

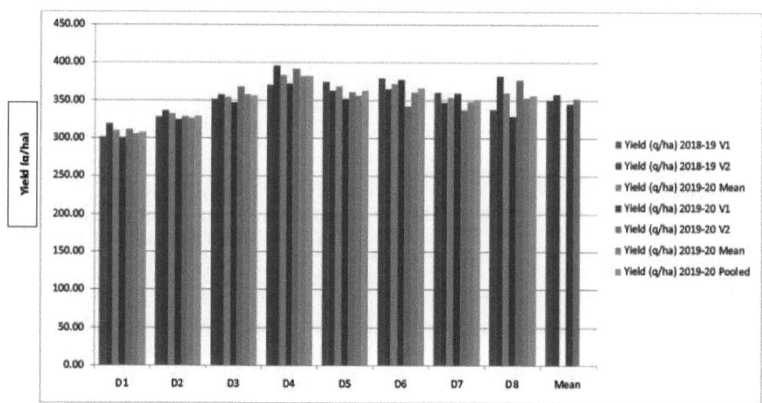

Fig 4.21 Efeito das datas de transplantação e das variedades no rendimento (q/ha) da cebola *da campanha.*

4.1.10. Efeito das datas de transplantação e da variedade no teor de matéria seca dos bolbos de cebola *da campanha agrícola*

Os dados sobre o conteúdo de matéria seca são mostrados no Quadro 4.12 e são apresentados na Fig. 4.22. Mostram que o teor de matéria seca dias após o transplante (DAT) foi significativamente influenciado por diferentes datas de transplante e variedades.

O teor de matéria seca (15,74% e 15,22%) foi registado na data de transplante moderada D4. Seguiu-se a data de transplante D3 (12,46% e 12,38%) e D6 (14,53% e 14,29%), enquanto o teor mínimo de matéria seca (10,21% e 10,08%) foi registado na data de transplante precoce D1 durante os dois anos de investigação (2018-19 e 2019-20).

Os dados fornecidos mostraram que o teor máximo de matéria seca (13,10 % e 12,79 % durante 2018-19 e 2019-20) foi registado com as cultivares V2 e a matéria seca mínima foi registada sob as cultivares V1 (12,60 % e 11,99 % durante 2018-19 e 2019-20). O efeito de interação entre a data de transplante e as cultivares foi significativo no teor de matéria seca.

O tratamento interativo D4 x V2 produziu o teor de matéria seca significativo (17,45% durante 2018-19 e 16,45% durante 2019-20). No entanto, o teor mínimo de matéria seca (10,46% durante 2018-19 e 10,10% durante 2019-20) foi registado em D1 xV2. Uma análise comparativa dos dados mostrou que, no primeiro ano da experiência, o teor de matéria seca foi marginalmente mais elevado em 2018-19 do que no segundo ano.

4.1.11. Efeito das datas de transplantação e das variedades no volume do bolbo (ml)

Ambos os anos de investigação (2018-19 e 2019-20) mostraram que o volume de bolbos dias após o transplante (DAT) foi significativamente influenciado por diferentes datas de transplante e variedades (Quadro 4.12 e Fig. 4.23).

O volume do bolbo (78,17 ml e 75,82 ml) foi registado na data de transplante moderada D4. Seguiu-se a data transplantada D3 (69,17 ml e 66,16 ml) e D6 (76,33 ml e 74,50 ml), enquanto o volume mínimo de bolbo (62,00 ml e 60,75 ml) foi registado na data transplantada precoce D1 durante ambos os anos de investigação (2018-19 e 2019-20).

No entanto, as cultivares de cebola tiveram um efeito significativo no volume do bolbo. Os dados fornecidos mostraram que o volume máximo de bolbo (72,08 ml e 68,19 ml durante 2018-19 e 2019-20) foi registado com as cultivares V2 e o volume mínimo de bolbo foi registado sob as cultivares V1 (70,29 ml e 65,88 ml durante 2018-19 e 2019-20).

O efeito de interação entre a data de transplante e as cultivares foi significativo no volume de bolbos e D4 x V2 produziu o volume significativo de bolbos (85,00 ml durante 2018-19 e 80,31 ml durante 2019-20). No entanto, o volume mínimo de bolbo (62,67 ml em 2018-19 e 61,84 ml em 2019-20) foi registado em D1 x V2.

Quadro 4.12: Efeito da data de transplantação e das variedades no teor de matéria seca do bolbo e no volume do bolbo da cebola *da kharif*,

Variedades Datas de transplantação	Teor de matéria seca (%)							Volume da ampola (ml)						
	2018-19			2019-20			Agrupado	2018-19			2019-20			Agrupado
	Vi	V_2	Média	Vi	V_2	Média		Vi	V_2	Média	Vi	V_2	Média	
D i-3 0th agosto	9.96	10.46	10.21	9.80	10.10	9.95	10.08	61.33		62.00	57.17	61.84	59.50	60.75
Di-10th setembro	10.78	11.20	10.99	10.40	10.86	10.63	10.81	65.00	71.67	68.33	64.28	69.15	66.72	67.52
D3-20th setembro	11.32	13.60	12.46	11.12	13.46	12.29	12.38	69.67	68.67	69.17	65.16	61.16	63.16	66.16
D -30$_4$th setembro	14.04	17.45	15.74	12.96	16.45	14.71	15.22	71.33	85.00	78.17	66.65	80.31	73.48	75.82
D -10$_5$th	13.86	13.78	13.82	12.88	13.71	13.29	13.56	73.33	77.67	75.50	65.63	73.66	69.65	72.57

outubro														
De-20th outubro	16.27	12.80	14.53	15.43	12.66	14.05	14.29	82.00	70.67	76.33	75.16	70.19	72.68	74.50
D -30$_7^{th}$ outubro	12.94	12.14	12.54	11.84	12.07	11.96	12.25	66.67	72.33	69.50	62.17	56.66	59.41	64.46
Ds-10th novembro	11.62	13.34	12.48	11.49	13.01	12.25	12.37	73.00	68.00	70.50	70.83	72.58	71.70	71.10
Média	12.60	13.10		11.99	12.79			70.29	72.08		65.88	68.19		
SEm (±)	D	0.29			0.24				0.77			0.46		
	V	0.15			0.12				0.38			0.23		
	Dx V	0.41			0.34				1.09			0.65		
CD (P= 0,05)	D	0.85			0.69				2.24			1.34		
	V	0.42			0.34				1.12			0.67		
	Dx V	1.20			0.97				3.16			1.89		

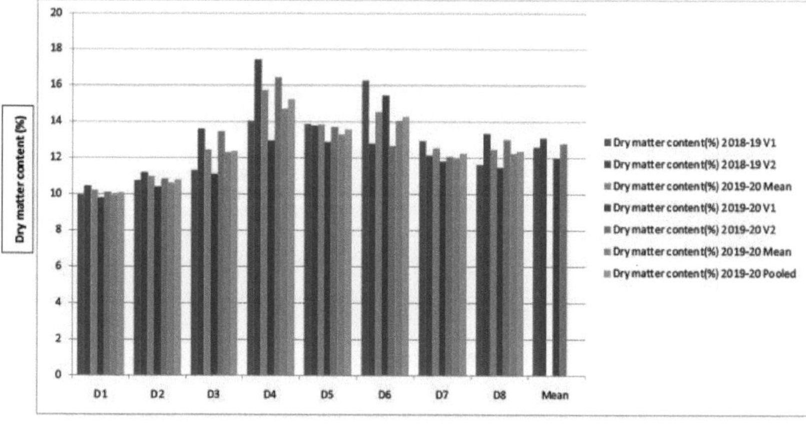

Fig. 4.22 Efeito das datas de transplante e das variedades no teor de matéria seca (%) do bolbo da cebola *da campanha.*

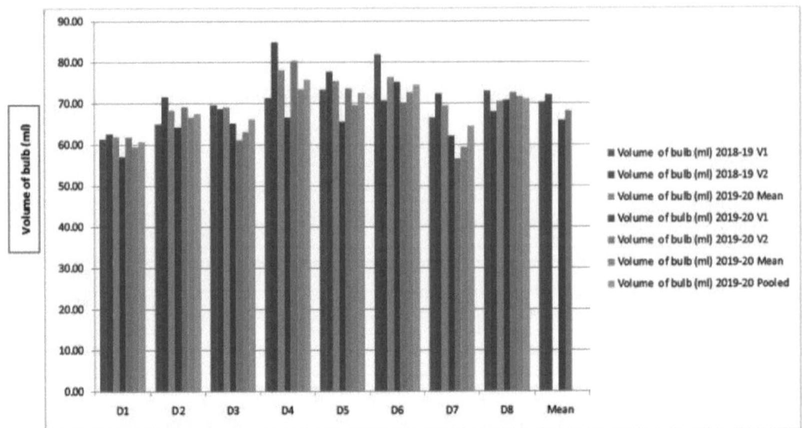

Fig 4.23 Efeito das datas de transplantação e das variedades no volume de bolbos da cebola *da campanha*

Foto 13 : Colheita de bolbos de cebola

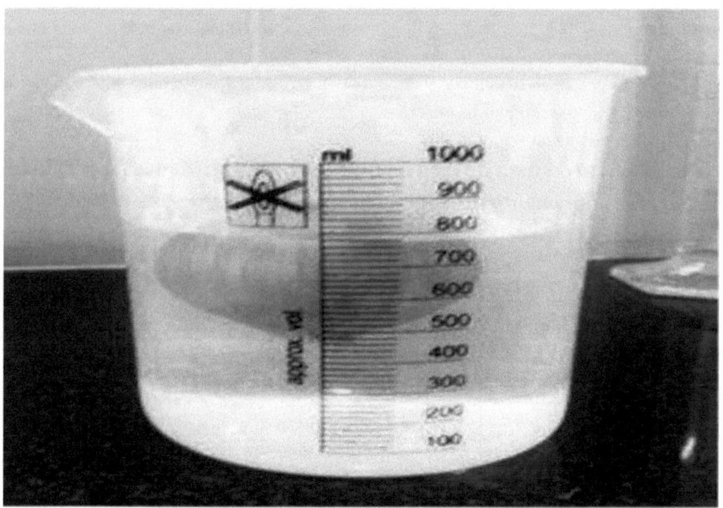

Foto 14 : Estimativa do volume do bolbo de cebola

4.1.12. O efeito das datas de transplantação e das variedades na gravidade específica do bolbo de cebola

Ambos os anos de investigação (2018-19 e 2019-20) mostraram que a gravidade específica dias após o transplante (DAT) foi significativamente influenciada por diferentes datas de transplante e variedades. (Tabela 4.13 e Fig 4.24).

A gravidade específica (1,18 g/cc e 1,17 g/cc) foi registada sob a data de transplante moderada mais elevada de D4, seguida da data de transplante D3 (1,14 g/cc e 1,12 g/cc) e D6 (1,18 g/cc e 1,16 g/cc), enquanto a gravidade específica mínima (1,06 g/cc e 1,04 g/cc) foi registada sob a data de transplante precoce D1 durante ambos os anos de investigação (2018-19 e 2019-20).

Os dados fornecidos mostraram que a gravidade específica máxima (1,13 g/cc e 1,11 g/cc durante 2018-19 e 2019-20) foi registada com as cultivares V2 e a gravidade específica mínima foi registada sob as cultivares V1 (1,11 g/cc e 1,10 g/cc durante 2018-19 e 2019-20). O efeito de interação entre a data de transplante e as cultivares foi significativo na gravidade específica. O tratamento interativo D4 xV2 produziu a gravidade específica significativa (1,23 g/cc durante 2018-19 e 1,20 g/cc durante 2019-20). No entanto, a gravidade específica mínima (1,19 g/cc em 2018-19 e 1,17 g/cc em 2019-20) foi registada em D1 x V1. Além disso, uma análise comparativa dos dados mostrou que no primeiro ano da experiência, a gravidade específica foi marginalmente maior em 2018-19 do que no segundo ano.

4.1.13. O efeito das datas de transplantação e da variedade no comprimento do bolbo da cebola *kharif*.

O quadro 4.13 e a figura 4.25 mostram que o comprimento dos bolbos dias após a transplantação (DAT) foi significativamente influenciado pelas diferentes datas de transplantação e variedades.

A Tabela 4.13 mostra claramente que o comprimento máximo do bolbo (64,66 mm e 63,91 mm) foi registado na data de transplante moderado D4. Seguiu-se a data de transplante D3 (57,33 mm e 56,16 mm) e D6 (63,80 mm e 62,65 mm), enquanto o comprimento mínimo do bolbo (49,84 mm e 49,61 mm) foi registado na data de transplante precoce D1 durante os dois anos de investigação (2018-19 e 2019-20).

No entanto, as cultivares de cebola tiveram um efeito significativo no comprimento do bolbo. Os dados fornecidos mostraram que o comprimento máximo do bolbo (59,81 mm e 58,50 mm durante 2018-19 e 2019-20) foi registado com a cultivar V2 e o comprimento mínimo do bolbo foi registado sob a cultivar V1 (58,09 mm e 57,76 mm durante 2018-19 e 2019-20).

O efeito da interação entre a data de transplante e as cultivares foi significativo no comprimento do bolbo. O tratamento D4 x V2 produziu significativamente o comprimento do bolbo (66,53 mm durante 2018-19 e 65,53 mm durante 2019-20). No entanto, o comprimento mínimo do bolbo (48,46 mm em 2018-19 e 47,79 mm em 2019-20) foi registado em D1 x vi. Além disso, uma análise comparativa dos dados mostrou que, no primeiro ano da experiência, o comprimento do bolbo foi marginalmente mais elevado em 2018-19 do que no segundo ano.

Quadro 4.13: Efeito da data de transplantação e das variedades na gravidade específica e no comprimento do bolbo da cebola *da kharif*

Variedades	Densidade específica (g/cc)							Comprimento do bolbo (mm)						
Datas de transplantação	2018-19			2019-20			Agrupado	2018-19			2019-20			Agrupado
	Vi	V2	Média	Vi	V2	Média		Vi	V2	Média	Vi	V2	Média	
D i-3 0th agosto	1.04	1.06	1.06	1.01	1.03	1.02	1.04	48.46	51.22	49.84	47.79	50.98	49.39	49.61
D -10_{2}^{th} setembro	1.07	1.08	1.08	1.05	1.09	1.07	1.07	52.20	52.80	52.50	51.86	52.14	52.00	52.25
D3-20th setembro	1.12	1.15	1.14	1.08	1.11	1.10	1.12	53.43	61.22	57.33	52.77	57.22	54.99	56.16
D4-30th setembro	1.11	1.23	1.17	1.15	1.20	1.18	1.17	62.79	66.53	64.66	60.79	65.53	63.16	63.91
D -10_{5}^{th} outubro	1.16	1.13	1.15	1.14	1.13	1.14	1.14	62.07	60.31	61.19	61.73	60.64	61.19	61.19
De-20th outubro	1.19	1.17	1.18	1.17	1.10	1.14	1.16	64.66	62.94	63.80	63.99	58.99	61.49	62.65
D -30_{7}^{th} outubro	1.09	1.14	1.12	1.07	1.10	1.09	1.10	59.66	63.74	61.70	61.48	62.41	61.95	61.82
D -10_{8}^{th} novembro	1.11	1.10	1.11	1.16	1.15	1.16	1.13	61.46	59.74	60.60	61.67	60.07	61.10	60.77
Média	1.11	1.13		1.10	1.12			58.09	59.81		57.76	58.50		
SEm (±)	D	0.06			0.05				0.40			0.45		
	V	0.03			0.02				0.10			0.22		
	Dx V	0.08			0.07				0.56			0.63		
CD- (P= 0,05)	D	0.17			0.16				1.16			1.20		
	V	0.08			0.06				0.58			0.65		
	Dx V	0.24			0.23				1.64			1.84		

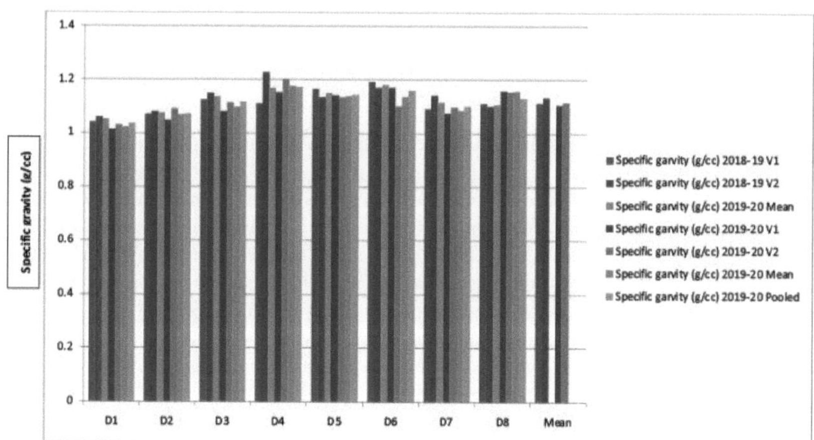

Fig 4.24 Efeito das datas de transplantação e das variedades na densidade (g/cc) da cebola *da campanha*.

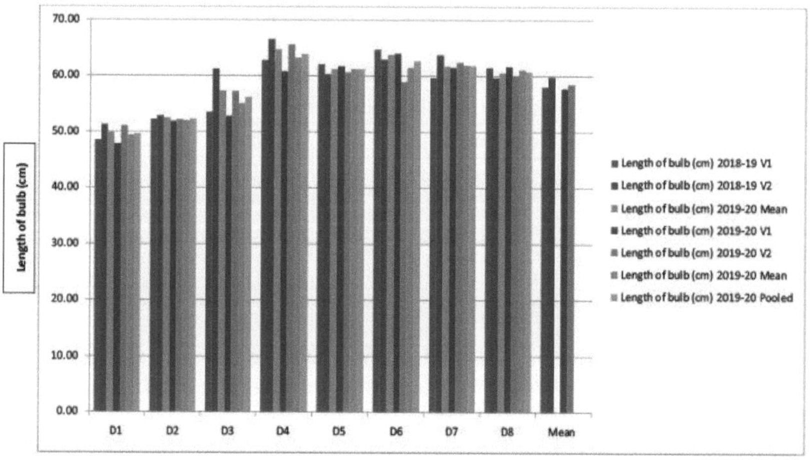

Fig. 4.25 Efeito das datas de transplantação e das variedades no comprimento do bolbo (cm) da cebola *da campanha*.

4.1.14. Efeito das datas de transplantação e das variedades no diâmetro polar (mm) dos bolbos de cebola.

Os dados sobre o diâmetro polar são mostrados na Tabela 4.14 e na Figura 4.26. Mostram que o diâmetro polar dias após o transplante (DAT) foi significativamente influenciado por diferentes datas de transplante e variedades.

O diâmetro polar máximo (55,68 mm e 53,98 mm) foi registado na data de transplante moderado D4. Seguiu-se a data transplantada D3 (46,08 mm e 47,26 mm) e D6 (52,27 mm e 51,60 mm), enquanto o diâmetro polar mínimo (42,03 mm e 41,57 mm) foi registado na data transplantada precoce D1 durante os dois anos de investigação (2018-19 e 2019-20).

Quanto ao efeito das cultivares, verificou-se que o diâmetro polar máximo (48,43 mm e 47,37 mm durante 2018-19 e 2019-20) foi registado com a cultivar V2 e o diâmetro polar mínimo foi registado com a cultivar V1 (46,84 mm e 45,94 mm durante 2018-19 e 2019-20).

O tratamento combinado D4 x V2 produziu o diâmetro polar significativamente maior (58,68 mm durante 2018-19 e 55,47 mm durante 2019-20). No entanto, o diâmetro polar mínimo (42,73 mm em 2018-19 e 41,49 mm em 2019-20) foi registado em D1 x V2. Além disso, uma análise comparativa dos dados mostrou que, no primeiro ano da experiência, o diâmetro polar foi marginalmente maior em 2018-19 do que no segundo ano.

4.1.15. Efeito das datas de transplantação e da variedade no diâmetro equatorial da cebola

Da mesma forma, a Tabela 4.14 e a Figura 4.27 mostram que o diâmetro equatorial dias após o transplante (DAT) foi significativamente influenciado por diferentes datas de transplante e variedades. O diâmetro equatorial (69,58 mm e 69,06 mm) foi registado como máximo sob a data de transplante moderado de D4, seguido pela data de transplante D3 (63,15 mm e 62,89 mm) e D6 (68,94 mm e 68,63 mm), enquanto que o diâmetro equatorial mínimo (54,02 mm e 53,70 mm) foi registado sob a data de transplante precoce D1 durante ambos os anos de investigação (2018-19 e 2019-20).

Os dados apresentados mostram que o diâmetro equatorial máximo (64,17 mm e 63,75 mm durante 2018-19 e 2019-20) foi registado com as cultivares V2 e o diâmetro equatorial mínimo foi registado com as cultivares V1 (63,22 mm e 62,51 mm durante 2018-19 e 2019-20).

O efeito da interação entre a data de transplante e as cultivares foi significativo no diâmetro equatorial. O tratamento interativo D4 x V2 produziu o diâmetro equatorial significativo (74,50 mm durante 2018-19 e 73,43 mm durante 2019-20). No entanto, o diâmetro equatorial mínimo (56,73 mm em 2018-19 e 56,03 mm em 2019-20) foi registado em D1 x V2. Além disso, uma análise comparativa dos dados mostrou que, no primeiro ano da experiência, o diâmetro equatorial foi marginalmente mais elevado em 2018-19 do que no segundo ano.

Quadro 4.14: Efeito da data de transplantação e das variedades no diâmetro polar e no diâmetro equatorial da cebola *da campanha.*

Variedades Datas de transplantação x^	Diâmetro polar (mm)							Diâmetro equatorial (mm)						
	2018-19			2019-20			Agrupado	2018-19			2019-20			Agrupado
	Vi	V2	Média	Vi	V2	Média		Vi	V2	Média	Vi	V2	Média	
D i-3 0th agosto	41.33	42.73	42.03	40.70	41.49	41.10	41.57	51.31	56.73	54.02	50.71	56.03	53.37	53.70
D -10_2^{th} setembro	44.66	48.61	46.63	42.77	43.51	43.14	44.89	57.83	59.23	58.53	57.37	58.90	58.13	58.33
D -20_3^{th} setembro	45.00	47.16	46.08	45.40	51.50	48.45	47.26	61.10	65.20	63.15	60.80	64.47	62.63	62.89
D4-30th setembro	52.68	58.68	55.68	49.12	55.47	52.29	53.98	64.65	74.50	69.58	63.67	73.43	68.55	69.06
D -10_5^{th} outubro	47.81	44.31	46.06	46.50	47.47	46.99	46.52	69.21	66.67	67.94	67.63	66.07	66.85	67.39
D -20_6^{th} outubro	53.14	51.40	52.27	53.44	48.43	50.94	51.60	70.81	67.07	68.94	69.91	66.73	68.32	68.63
D -30_7^{th} outubro	46.67	48.17	47.42	44.63	43.75	44.19	45.80	68.40	60.39	64.40	66.87	60.39	63.63	64.01
D -10_8^{th} novembro	43.43	46.41	44.92	44.95	47.33	46.14	45.53	62.41	63.60	63.01	63.11	64.00	63.56	63.28
Média	46.84	48.43		45.94	47.37			63.22	64.17		62.51	63.75		
SEm (±)	D	0.74			0.57				0.71			0.61		
	V	0.37			0.28				0.35			0.3		
	Dx V	1.05			0.8				1.01			0.87		

CD (P= 0,05)	D	2.15			1.65				2.07			1.78		
	V	1.08			0.82				NS			0.89		
	Dx V	3.05			2.33				2.93			2.52		

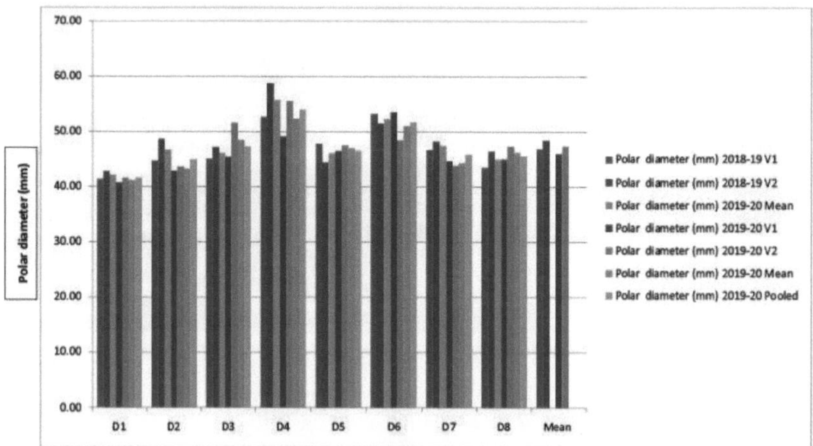

Fig 4.26 Efeito das datas de transplantação e das variedades no diâmetro polar (mm) da cebola *da campanha*.

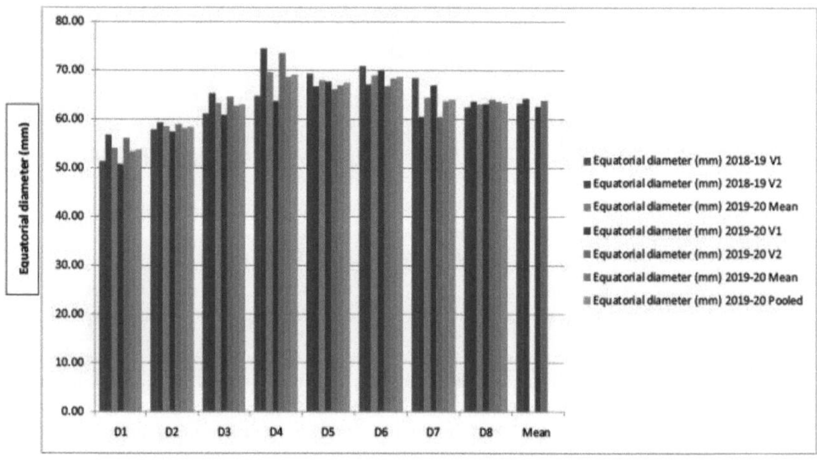

Fig 4.27 Efeito das datas de transplantação e das variedades no diâmetro equatorial (mm) da cebola *da campanha.*

Foto 15 : Estimativa do peso do bolbo

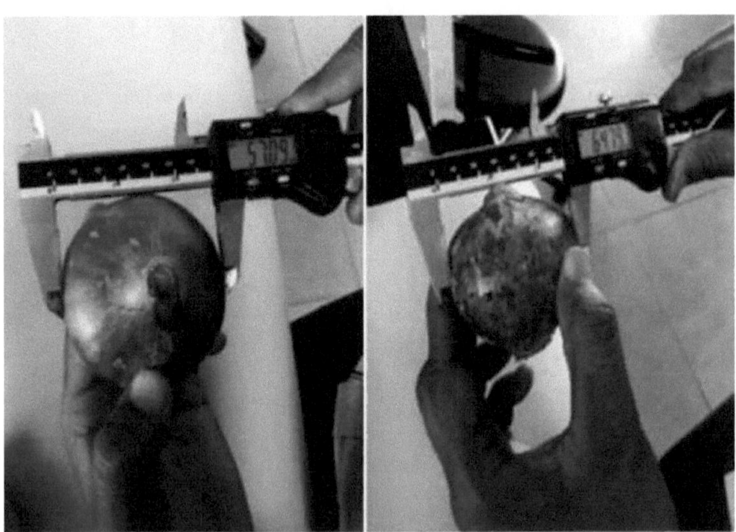

Foto 16: Medição do diâmetro polar e equatorial da lâmpada

4.1.15. Efeito das datas de transplantação e das variedades no número de escamas frescas por bolbo

Os dados sobre o número de escamas são mostrados no Quadro 4.15 e apresentados na Fig. 4.28 e mostram que o número de escamas foi significativamente influenciado por diferentes datas de transplante e variedades.

Mostrou que o número máximo de escamas, por bolbo (12,17 e 11,75) foi contado sob a data de transplante moderada de D4. Seguiu-se a data de transplante D3 (9,17 e 9,12) e D6 (11,17 e 10,83), enquanto o número mínimo de escamas (6,83 e 6,17) foi registado na data de transplante precoce D1 durante os dois anos de investigação (2018-19 e 2019-20).

No entanto, as cultivares de cebola tiveram um efeito significativo no número de escamas. Os dados fornecidos mostraram que o número máximo de escamas (10,00 e durante 2018-19 9,12 e 2019-20) foi registado com as cultivares V2 e o número mínimo de escamas foi registado sob as cultivares V1 (9,46 e 8,54durante 2018-19 e 2019-20).

O efeito de interação entre a data de transplante e as cultivares foi significativo no número de escamas. O tratamento interativo D4 x V2 produziu o número significativo de escamas (13,00 durante 2018-19 e 12,33 durante 2019-20). No entanto, o número mínimo de escamas (7,33 em 2018-19 e 5,67 em 2019-20) foi registado em D1 x v2.

Quadro 4.15: Efeito das datas de transplante e das variedades no número de escamas frescas por bolbo.

Variedades Datas de transplantação	Número de escamas por lâmpada						
	2018-19			2019-20			Agrupado
	Vi	V2	Média	Vi	V2	Média	
D i-3 0th agosto	6.33	7.33	6.83	5.33	5.67	5.50	6.17
Di-10th setembro	8.33	9.67	9.00	6.67	7.33	7.00	8.00
D3-20th setembro	9.00	9.33	9.17	8.33	10.00	9.17	9.17
D4-30th setembro	11.33	13.00	12.17	10.33	12.33	11.33	11.75
D -10_5^{th} outubro	10.00	11.00	10.50	7.67	9.00	8.33	9.42
D -20_6^{th} outubro	12.00	10.33	11.17	11.67	9.33	10.50	10.83
D -30_7^{th} outubro	8.67	10.67	9.67	10.67	8.00	9.34	9.50
D -10_8^{th} novembro	10.00	8.67	9.33	7.67	11.33	9.50	9.42
Média	9.46	10.00		8.54	9.12		
SEm (±)	D	0.34			0.31		
	V	0.17			0.15		
	DxV	0.48			0.44		
CD (P= 0,05)	D	0.99			0.91		
	V	0.57			0.45		
	DxV	1.41			1.28		

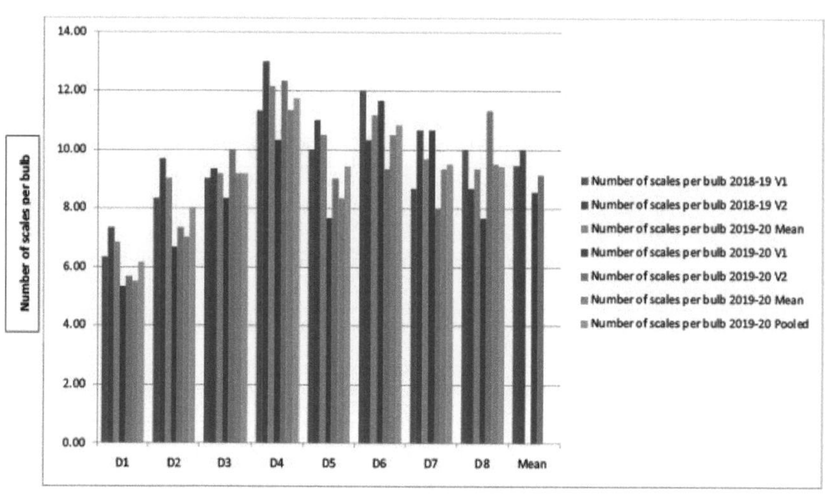

Fig 4.28 Efeito das datas de transplantação e das variedades no número de escamas por bolbo da cebola *kharif*.

4.1.16 Efeito da data de transplantação e da variedade nos sólidos solúveis totais (° Brix) presentes nos bolbos de cebola *da campanha*.

Ambos os anos de investigação (2018-19 e 2019-20) mostraram que os sólidos solúveis totais (^{0} Brix) foram significativamente influenciados por diferentes datas de transplante e variedades.

O máximo de sólidos solúveis totais (12.23^0 Brix e 12.10^0 Brix) foi registado na data de transplantação moderada D3, seguida da data de transplantação D2 (10.46^0 Brix e 10.37^0 Brix) e D7 (12.15^0 Brix e 12,06^0 Brix), enquanto os sólidos solúveis totais mínimos (9,39^0 Brix e 9,24^0 Brix) foram registados na data de transplante precoce D1 durante os dois anos de investigação (2018-19 e 2019-20).

Entre as cultivares, os dados apresentados mostraram que o sólido solúvel total (11,25^0 Brix e 10,84^0 Brix durante 2018-19 e 2019-20) foi registado com as cultivares V2 e os sólidos solúveis totais mínimos (^{0} Brix) foram registados sob as cultivares Vi (11,41^0 Brix e 11,40^0 Brix durante 2018-19 e 2019-20).

O efeito de interação entre a data de transplante e as cultivares foi significativo. O tratamento interativo D3 xV2 produziu significativamente os sólidos solúveis totais (13,23^0 Brix e 13,04^0 Brix durante 2018-19 e 2019-20). No entanto, o mínimo de sólidos solúveis totais (9,92^0 Brixe 9,43^0 Brix durante 2018-19 e 201920) foi registado sob DixV2. Verificou-se também que no primeiro ano da experiência, os sólidos solúveis totais foram mais elevados do que no segundo ano.

4.1.17 Efeito das datas de transplantação e das variedades nos açúcares totais dos bolbos de cebola *da campanha*

O quadro 4.16 e a figura 4.30 mostram que os açúcares totais foram significativamente influenciados pelas diferentes datas de transplante e variedades.

A data de transplante D3 produziu os açúcares totais mais elevados (10,18% e 10,17%). Seguiu-se a data transplantada D2 (9,22% e 9,21%) e D7 (10,02% e 9,99%), enquanto o mínimo de açúcar total (8,84% e 8,81%) foi registado na data transplantada precoce Didurante os dois anos de investigação 2018-19 e 2019-20.

Os dados fornecidos mostraram que o açúcar total (9,72% e 9,69% durante 2018-19 e 2019-20) foi registado com as cultivares V2 e o açúcar total mínimo foi registado nas cultivares V1 (9,14% e 9,10% durante 2018-19 e 2019-20).

O efeito de interação entre a data de transplante e as cultivares foi significativo no açúcar total. O tratamento interativo D3 xV2 produziu significativamente o açúcar total (11,10 % e 11,04 % durante 2018-19 e 2019-20). No entanto, o mínimo de açúcar total (9,65% durante 2018-19 e 9,59% durante 2019-20) foi registado sob D1 x V2.

Quadro 4.16: Efeito das datas de transplantação e das variedades nos sólidos solúveis totais e nos açúcares totais da cebola *da campanha*

Variedades Datas de transplantação	Sólidos solúveis totais (°Brix)							Açúcares totais (%)						
	2018-19			2019-20			Agrupado	2018-19			2019-20			Agrupado
	Vi	V2	Média	Vi	V2	Média		Vi	V2	Média	Vi	V2	Média	
D i-3 0th agosto	8.86	9.92	9.39	8.76	9.43	9.09	9.24	8.03	9.65	8.84	7.95	9.59	8.77	8.81
D -10$_2$th setembro	10.30	10.62	10.46	10.14	10.42	10.28	10.37	8.99	9.44	9.22	8.94	9.47	9.21	9.21
D -20$_3$th setembro	11.23	13.23	12.23	13.04	10.91	11.97	12.10	9.26	11.10	10.18	9.26	11.04	10.15	10.17
D -30$_4$th setembro	11.97	11.58	11.78	11.76	11.45	11.61	11.69	8.86	9.77	9.31	8.88	9.72	9.30	9.31
D -10$_5$th outubro	12.86	11.06	11.96	12.13	11.11	11.62	11.79	8.99	9.78	9.38	8.95	9.72	9.34	9.36
D -20$_6$th	12.39	11.1	11.75	12.0	11.3	11.70	11.72	9.89	9.33	9.61	9.85	9.29	9.57	9.59

outubro		1		3	7									
D -30_7^{th} outubro	12.89	11.40	12.15	12.75	11.22	11.98	12.06	10.26	9.78	10.02	10.19	9.75	9.97	9.99
Ds-10th novembro	10.78	11.07	10.93	10.67	10.78	10.73	10.83	8.86	8.94	8.90	8.81	8.92	8.87	8.89
Média	11.41	11.25		11.41	10.84			9.14	9.72		9.10	9.69		
SEm (±)	D	0.12			0.61				0.18			0.17		
	V	0.06			0.08				0.09			0.09		
	Dx V	0.17			0.23				0.26			0.25		
CD (P= 0,05)	D	0.35			0.47				0.52			0.5		
	V	NS			0.23				0.26			0.25		
	Dx V	0.50			0.66				0.74			0.71		

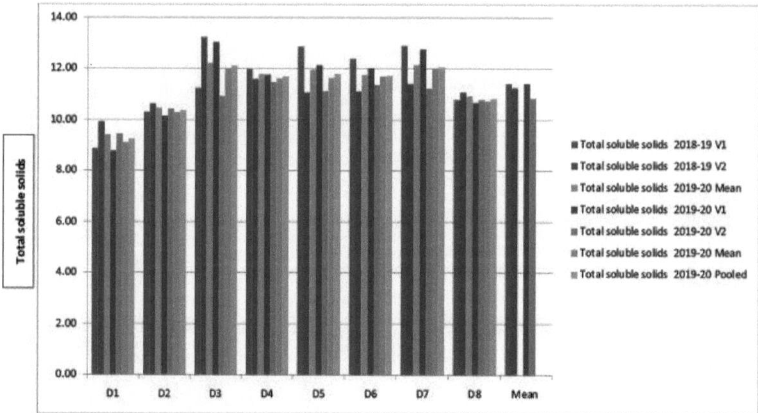

Fig. 4.29 Efeito das datas de transplantação e das variedades nos sólidos solúveis totais (°Brix) da cebola *da kharif*.

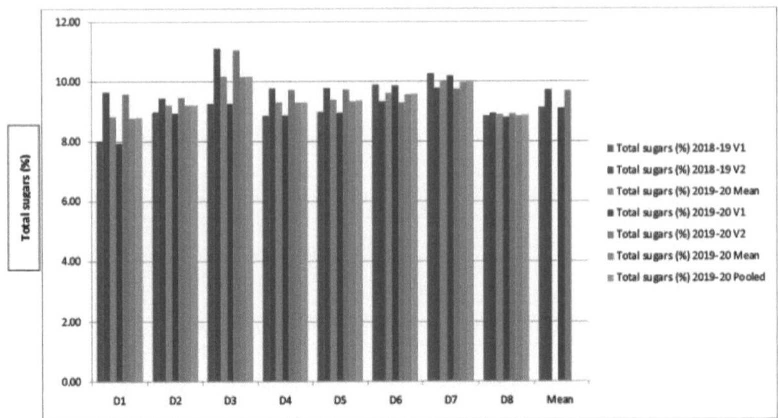

Fig 4.30 Efeito das datas de transplantação e das variedades nos açúcares totais (%) da cebola *da campanha.*

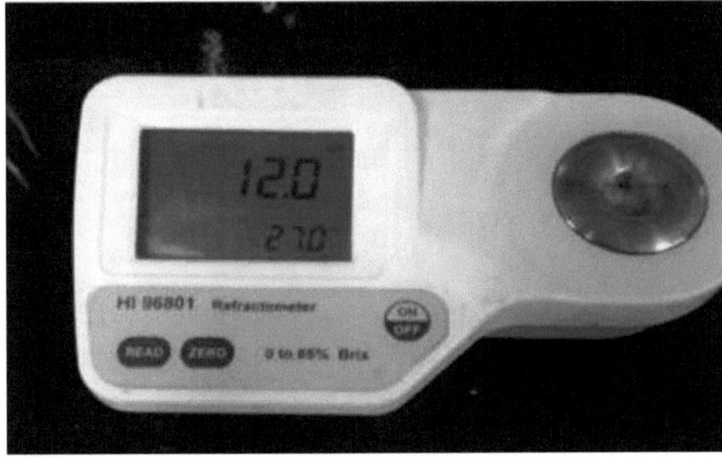

Foto 17 : Medição dos sólidos solúveis totais por refractrómetro digital

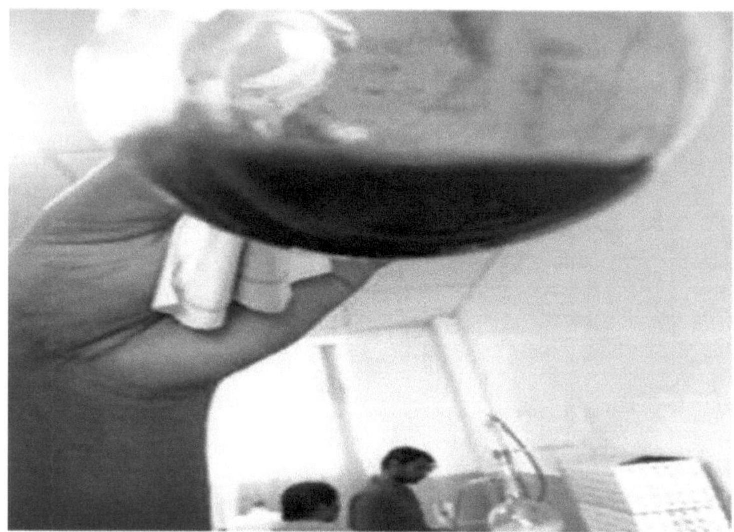

Foto 18: Titulação para análise de açúcar

4.1.18 Efeito das datas de transplantação e das variedades no teor de açúcares redutores (%) dos bolbos de cebola da campanha

Os dois anos de investigação (2018-19 e 2019-20) mostraram que a redução do açúcar dias após o transplante (DAT) foi significativamente influenciada por diferentes datas de transplante e variedades. (Tabela 4.17 e Fig 4.31).

O açúcar redutor (5,57 % e 5,58 %) foi registado ao máximo na data de transplante moderado D3, seguido da data de transplante D2 (5,03 % e 5,02 %) e D7 (5,60 % e 5,58 %), enquanto o açúcar redutor mínimo (4,82 % e 4,80 %) foi registado na data de transplante precoce D1 durante ambos os anos de investigação (2018-19 e 2019-20).

A cultivar V2 apresentou o máximo de açúcar redutor (5,47% e 5,44% durante 2018-19 e 2019-20) e o mínimo de açúcar redutor foi registado nas cultivares V1 (5,09% e 5,07% durante 2018-19 e 2019-20). O efeito de interação entre a data de transplante e as cultivares foi significativo na redução do açúcar. O tratamento interativo D3 x V2 produziu o açúcar redutor significativo (6,19% e 6,17% durante 2018-19 e 2019-20). No entanto, o açúcar redutor mínimo (5,20 % e 5,18 % durante 2018-19 e 2019-20) foi registado sob D1 x V2.

4.1.19 Efeito das datas de transplantação e das variedades no açúcar não redutor (%) dos bolbos de cebola

Um padrão semelhante também foi observado no caso do açúcar não redutor, ambos os anos de investigação (2018-19 e 2019-20) mostraram que os dias de açúcar não redutor após o transplante (DAT) foram significativamente influenciados por diferentes datas de transplante e variedades. (Tabela 4.17 e Fig 4.32).

O açúcar **não redutor** (4,61% e 4,59%) foi registado na data de transplantação moderada D3. Seguiu-se a data transplantada D2 (4,22 % e 4,21%) e D7 (4,43 % e 4,42 %), enquanto o açúcar não redutor mínimo (4,02 % e 4,00 %) foi registado na data transplantada precoce D1 (%) durante ambos os anos de investigação (2018-19 e 2019-20).

Os dados apresentados mostraram que o açúcar não redutor mais elevado (4,27 % e 4,25 % durante 2018-19 e 2019-20) foi registado com a cultivar V2 e o açúcar não redutor mínimo foi registado com a cultivar V1 (4,05 % e 4,03 % durante 2018-19 e 2019-20).

O efeito de interação entre a data de transplante e as cultivares foi significativo no açúcar não redutor. O tratamento interativo D3 x V2 produziu açúcar não redutor significativamente elevado (4,92% e

4,87% durante 2018-19 e 2019-20). No entanto, o mínimo de açúcar não redutor (4,45% e 4,41% durante 2018-19 e 2019-20) foi registado sob D1 x V2.

Quadro 4.17: Efeito das datas de transplantação e das variedades no açúcar redutor e no açúcar não redutor do bolbo de cebola *da kharif.*

X. Variedade Datas de transplantação	Açúcar redutor (%)							Açúcar não redutor (%)						
	2018-19			2019-20			Agrupado	2018-19			2019-20			Agrupado
	Vi	V2	Média	Vi	V2	Média		Vi	V2	Média	Vi	V2	Média	
D i-3 0th agosto	4.43	5.20	4.82	4.40	5.18	4.79	4.80	3.59	4.45	4.02	3.55	4.41	3.98	4.00
Do-10th setembro	4.79	5.28	5.03	4.76	5.26	5.01	5.02	4.20	4.23	4.22	4.18	4.21	4.20	4.21
D3-20th setembro	4.96	6.52	5.74	4.98	6.17	5.58	5.66	4.30	4.92	4.61	4.28	4.87	4.58	4.59
D -30$_4$th setembro	5.34	5.42	5.38	5.34	5.40	5.37	5.38	3.52	4.34	3.93	3.53	4.32	3.93	3.93
D -10$_5$th outubro	4.91	5.62	5.27	4.89	5.59	5.24	5.25	4.08	4.15	4.12	4.06	4.13	4.09	4.11
De-20th outubro	5.67	5.40	5.54	5.65	5.38	5.52	5.53	4.22	3.93	4.08	4.20	3.91	4.06	4.07
D -30$_7$th outubro	5.75	5.45	5.60	5.71	5.43	5.57	5.58	4.51	4.34	4.43	4.48	4.32	4.40	4.42
D -10$_8$th novembro	4.89	5.16	5.03	4.86	5.13	4.99	5.01	3.97	3.81	3.89	3.95	3.79	3.87	3.88
Média	5.09	5.51		5.07	5.44			4.05	4.27		4.03	4.25		
SEm (±)	D	0.14			0.12				0.15			0.14		
	V	0.07			0.06				0.08			0.07		
	DxV	0.19			0.18				0.21			0.2		
CD (P= 0,05)	D	0.39			0.37				0.44			0.42		
	V	0.19			0.18				0.22			0.21		
	DxV	0.55			0.52				0.62			0.59		

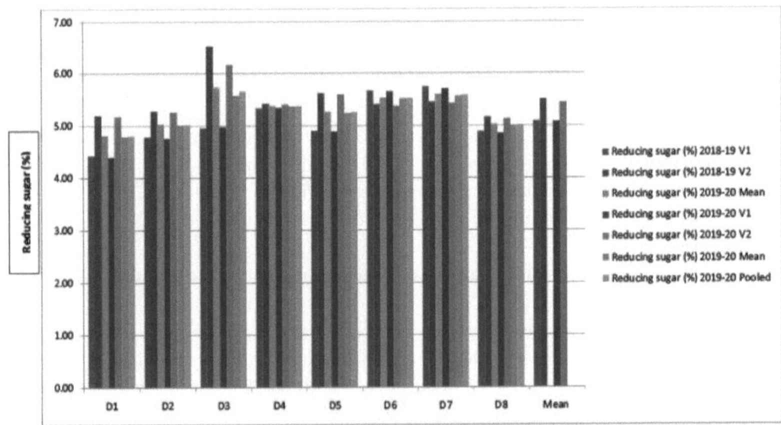

Fig 4.31 Efeito das datas de transplantação e das variedades no açúcar redutor (%) da cebola *da colheita*

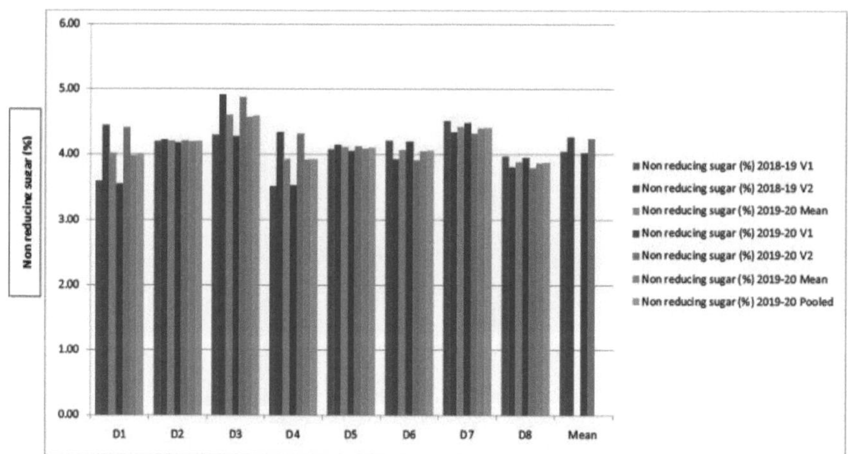

Fig 4.32 Efeito das datas de transplante e das variedades no açúcar não redutor (%) da cebola *da colheita.*

Foto 19: Determinação do açúcar redutor do bolbo de cebola

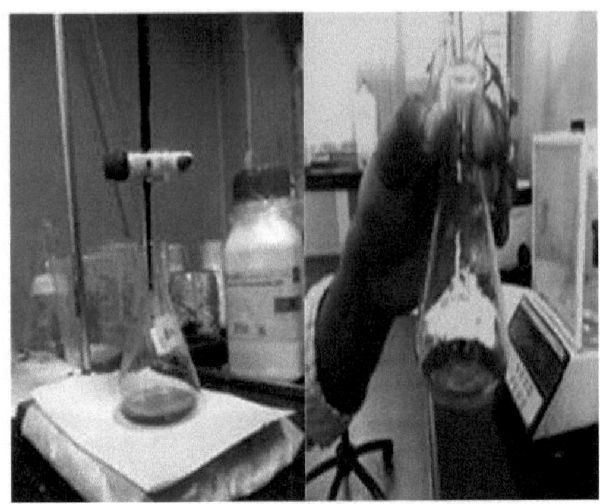

Foto 20 : Determinação do ácido ascórbico pelo método de titulação

4.1.20 Efeito das datas de transplantação e das variedades no teor de ácido ascórbico dos bolbos de cebola *da campanha.*

O Quadro 4.18 e a Figura 4.33 mostram que o ácido ascórbico foi significativamente influenciado pelas diferentes datas de transplante e variedades.

A análise estatística mostrou que o máximo de ácido ascórbico (10,16 mg/100g e 10,12 mg/100g) foi registado na data de transplante moderado D3. Seguiram-se as datas de transplante D2 (8,74 mg/100g e 8,99 mg/100g) e D7 (9,84 mg/100g e 9,81 mg/100g), enquanto o ácido ascórbico mínimo (8,36 mg/100g e 8,33 mg/100g) foi registado na data de transplante precoce D1 durante os dois anos de investigação (2018-19 e 2019-20).

No entanto, as cultivares de cebola tiveram um efeito significativo no ácido ascórbico. Os dados fornecidos mostraram que o ácido ascórbico (9,28 mg/100g e 9,27 mg/100g durante 2018-19 e 2019-20) foi registado com as cultivares V2 e o ácido ascórbico mínimo foi registado nas cultivares V1 (9,25 mg/100g e 9,18 mg/100g durante 2018-19 e 2019-20).

O efeito de interação entre a data de transplante e as cultivares foi significativo no ácido ascórbico. O tratamento interativo D3 x V2 produziu o ácido ascórbico significativo (10,47 mg/100g e 10,32 mg/100g durante 2018-19 e 2019-20). No entanto, o ácido ascórbico mínimo (8,43 mg/100g em 2018-19 e 8,43 mg/100g em 2019-20) foi registado em D1 x V2. Além disso, uma análise comparativa dos dados mostrou que, no primeiro ano da experiência, o ácido ascórbico foi marginalmente mais elevado em 2018-19 do que no segundo ano.

4.1.21 Efeito das datas de transplantação e das variedades na acidez titulável dos bolbos de cebola.

Ambos os anos de investigação (2018-19 e 2019-20) mostraram que a acidez dias após o transplante (DAT) foi significativamente influenciada por diferentes datas de transplante e variedades. (Tabela 4.18 e Fig. 4.34).

A acidez mais elevada (0,52% e 0,51%) foi registada na data de transplantação moderada D1. Seguiu-se a data transplantada D8 (0,46 % e 0,45 %) e D2 (0,49 % e 0,48 %), enquanto a acidez mínima (0,37 % e 0,36 %) foi registada na data transplantada precoce D3 durante ambos os anos de investigação (2018-19 e 2019-20).

A cultivar V2 registou a acidez mais elevada (0,42 % e 0,40 % durante 2018-19 e 2019-20) e o ácido ascórbico mínimo foi registado nas cultivares V1 (0,44 % e 0,40% durante 2018-19 e 2019-20).

O efeito de interação entre a data de transplante e as cultivares foi significativo na acidez. O tratamento interativo D1 x V1 produziu significativamente ácido ascórbico (0,54% durante 2018-19 e 0,53% durante 2019-20). No entanto, a acidez mínima (0,48% em 2018-19 e 0,46% em 2019-20) foi registada em D1 x V2.

Quadro 4.18: Efeito das datas de transplantação e das variedades no ácido ascórbico e na acidez titulável da cebola *da campanha*

Variedades Datas de transplantação	Ácido ascórbico (mg/lOOg)							Acidez titulável (%)						
	2018-19			2019-20			Agrupado	2018-19			2019-20			Agrupado
	Vi	V2	Média	Vi	V2	Média		Vi	V2	Média	Vi	V2	Média	
D i-3 0th agosto	8.29	8.43	8.36	8.17	8.43	8.30	8.33	0.54	0.50	0.52	0.53	0.50	0.52	0.52
D -10$_2$th setembro	8.64	8.85	8.74	8.63	9.82	9.23	8.99	0.52	0.46	0.49	0.49	0.48	0.49	0.49
D3-20th setembro	9.85	10.47	10.16	9.98	10.32	10.15	10.16	0.45	0.28	0.37	0.45	0.25	0.35	0.36
D4-30th setembro	9.13	9.34	9.23	9.04	9.32	9.18	9.21	0.37	0.42	0.39	0.33	0.42	0.38	0.38
D -10$_5$th outubro	9.69	9.06	9.37	9.67	9.11	9.39	9.38	0.38	0.43	0.41	0.37	0.41	0.39	0.40
De-20th outubro	9.25	8.67	8.96	9.23	8.93	9.08	9.02	0.40	0.36	0.38	0.38	0.35	0.37	0.37
D -30$_7$th outubro	10.29	9.39	9.84	10.19	9.37	9.78	9.81	0.35	0.49	0.42	0.29	0.40	0.35	0.38
D -10$_8$th novembro	8.89	10.01	9.45	8.49	8.84	8.67	9.06	0.48	0.44	0.46	0.47	0.40	0.43	0.45
Média	9.25	9.28		9.18	9.27			0.44	0.42		0.41	0.40		
SEm (±)	D	0.024			0.025				0.006			0.005		
	V	0.012			0.012				0.003			0.002		
	Dx V	0.033			0.035				0.009			0.007		
CD (P= 0,05)	D	0.068			0.072				0.019			0.014		
	V	NS			0.036				0.009			0.007		
	Dx V	0.097			0.102				0.027			0.020		

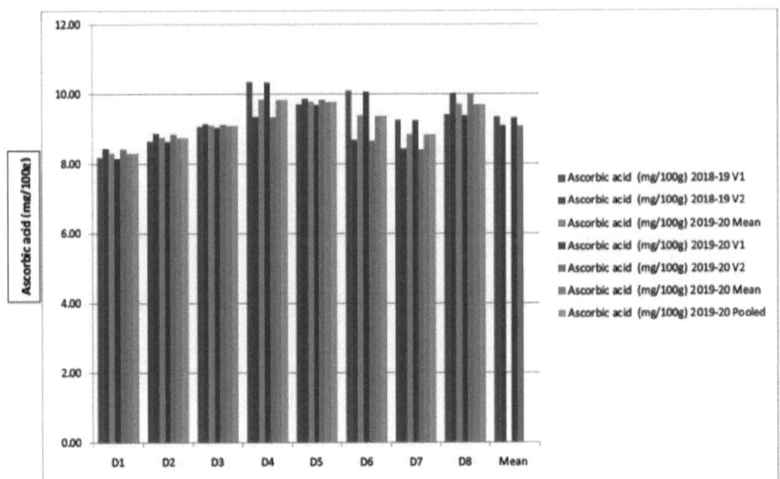

Fig 4.33 Efeito das datas de transplantação e das variedades no ácido ascórbico da cebola *da colheita.*

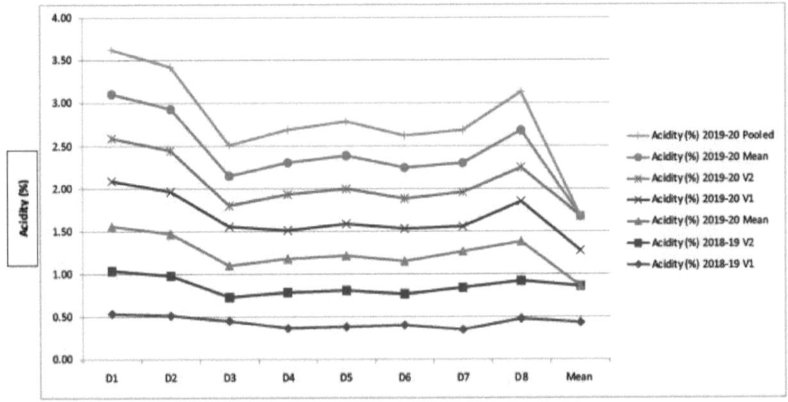

Fig 4.34 Efeito das datas de transplantação e das variedades na acidez (%) da cebola *da campanha.*

4.1.22 Efeito das datas de transplantação e das variedades no teor de enxofre (%) em bolbos de cebola *da campanha*

Os dados sobre o teor de enxofre foram apresentados no Quadro 4.19 e na Fig. 4.35 ambos os anos de investigação (2018-19 e 2019-20) mostraram que o teor de enxofre dias após o transplante (DAT) foi significativamente influenciado por diferentes datas de transplante e variedades.

O teor máximo de enxofre (0,39% e 0,27%) foi registado na data de transplante moderado D6, seguido da data de transplante D3 (0,32% e 0,25%) e D2 (0,23% e 0,19%). Enquanto o teor mínimo de enxofre (0,29% e 0,27%) foi registado na data de transplante precoce D1 durante ambos os anos de investigação (2018-19 e 2019-20).

Os dados fornecidos mostraram que o enxofre (0,32 % e 0,26 % durante 2018-19 e 2019-20) foi registado nas cultivares V2 e o teor mínimo de enxofre foi registado nas cultivares V1 (0,29 % e 0,20 % durante 2018-19 e 2019-20).

O efeito de interação entre a data de transplante e as cultivares foi significativo no teor de enxofre. O tratamento interativo D6 x V2 produziu o teor de enxofre significativo (0,27% e 0,51% durante 2018-19 e 2019-20). No entanto, o teor mínimo de enxofre (0,31% e 0,16% em 2018-19 e 2019-20) foi registado em D1 xvi.

Quadro 4.19: Efeito das datas de transplantação e das variedades no teor de enxofre da cebola *da campanha.*

Variedades Datas de transplantação	Enxofre (%)						
	2018-19			2019-20			Agrupado
	Vi	V2	Média	Vi	V2	Média	
Di-30th agosto	0.31	0.32	0.31	0.16	0.32	0.24	0.28
D -10_2^{th} setembro	0.17	0.29	0.23	0.00	0.29	0.15	0.19
D -20_3^{th} setembro	0.53	0.23	0.38	0.18	0.23	0.21	0.29
D4-30th setembro	0.43	0.48	0.45	0.00	0.22	0.11	0.28
D -10_5^{th} outubro	0.26	0.32	0.29	0.13	0.27	0.20	0.25
D -20_6^{th} outubro	0.25	0.29	0.27	0.65	0.37	0.51	0.39
D -30_7^{th} outubro	0.11	0.22	0.17	0.26	0.28	0.27	0.22
Ds-10th N ovembro	0.29	0.37	0.33	0.21	0.11	0.16	0.25
Média	0.29	0.32		0.20	0.26		
SEm (±)	D	0.008			0.004		
	V	0.004			0.002		
	DxV	0.012			0.006		
CD (P= 0,05)	D	0.024			0.013		
	V	0.012			0.006		
	DxV	0.034			0.018		

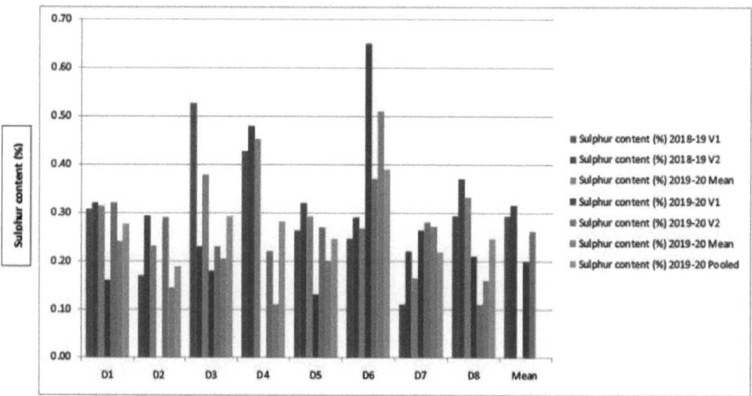

Fig. 4.35 Efeito das datas de transplantação e das variedades no teor de enxofre (%) da cebola *da campanha.*

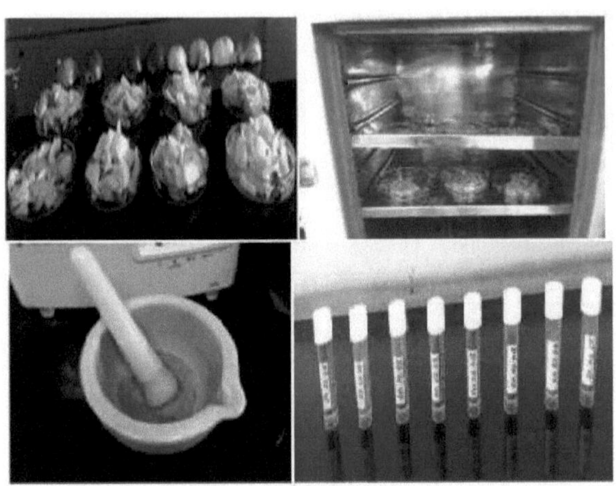

Foto 21: Preparação da amostra para a determinação do enxofre

4.1.23 Efeito das datas de transplantação e das variedades na avaliação económica da cebola *da campanha.*

O custo de cultivo, o rendimento bruto e líquido, para além do benefício: o custo em diferentes datas de tratamentos de transplantação foram calculados numa base hectare e apresentados no Quadro 4.20

Custo de cultivo:

As despesas totais relativas às diferentes datas dos tratamentos de transplantação foram divididas em duas partes, ou seja, custos fixos e custos variáveis. Na condição de Uttar Pradesh, o custo fixo mínimo de todos os tratamentos no primeiro ano (Rs.108305) e no segundo ano (Rs.107210), respetivamente, enquanto o custo variável variava em função dos factores de produção utilizados nesse tratamento específico. O total desses dois custos é derivado como o custo total de cultivo. O maior custo de cultivo foi encontrado em (D2 x v2), (Rs. 108200) e (Rs. 107170) no primeiro e segundo ano, respetivamente.

Rendimento bruto

Entre todos os tratamentos estudados, D8 x V1 deu o maior rendimento bruto no primeiro ano (Rs. 2095923) e no segundo ano (Rs. 1428639.56) na condição de Lucknow, respetivamente. A renda bruta mínima para o primeiro ano (Rs. 385425) e o segundo ano (Rs. 349992.67) ocorreu em D8 x v1

Resultado líquido:

O maior rendimento líquido do primeiro ano (Rs. 1988882.66) e do segundo ano (Rs. 1322598.74) foi obtido no tratamento (D2 x v2), respetivamente, enquanto o rendimento líquido mínimo no primeiro ano (Rs. 278384.18) e no segundo ano (Rs. 243951.853) foi obtido no tratamento (D8 x v1).

Rácio benefício/custo

O rácio benefício/custo máximo para o primeiro ano (18,58) foi obtido com o tratamento D2 x v2, enquanto o rácio benefício/custo mínimo (2,60) foi calculado com o tratamento D8 x V1, que também foi encontrado no segundo ano. Os dados combinados revelaram que o tratamento D2 x V2 apresenta o rácio benefício/custo máximo (15,53) para a produção de cebola *na kharif.*

Quadro 4.20: Avaliação económica da produção de cebola *da kharif.*

S.N.	Combinações de tratamento (DxV)	Rácio benefício/custo		
		2018-19	2019-20	Agrupado
Ti	D i x Vi - 3 0th agosto	16.55	11.31	13.93
T_2	DiX V_2 - 30th agosto	17.57	11.78	14.68
T_3	D_2 x Vi-10th setembro	18.11	12.32	15.22
T_4	D xV -10_{22}th setembro	18.58	12.47	15.53

T5	D3X Vi-20th setembro	3.39	3.16	3.28
T6	D3X V -20$_2^{th}$ setembro	3.47	3.41	3.44
T7	D4 x Vi-30th setembro	3.64	3.46	3.55
T8	D xV -30$_{42}^{th}$ setembro	3.96	3.70	3.83
T9	D5 x Vi-10th outubro	3.24	2.90	3.07
Tio	D xV -10$_{52}^{th}$ outubro	3.10	3.00	3.05
Tn	D6 x Vi-20th outubro	3.29	3.18	3.24
T12	D6 x V -20$_2^{th}$ outubro	3.12	2.80	2.96
Ti3	D xVi-30$_7^{th}$ outubro	2.84	2.61	2.73
T14	D7 x V -30$_2^{th}$ outubro	2.70	2.39	2.55
T15	D8 xVi- 10th novembro	2.60	2.30	2.45
Gravata	D XV$_{82}$ - 10th novembro	3.08	2.79	2.94

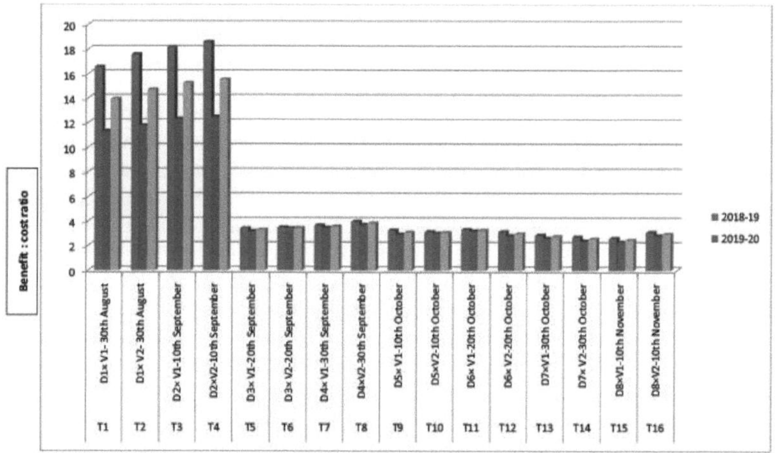

Fig 4.36 Efeito das datas de transplantação e das variedades na relação benefício/custo da cebola *Kharif*

4.2 DISCUSSÃO

A presente investigação, intitulada "**Desempenho das cultivares de cebola (*Allium cepa* L.) como cultura *de kharif* em diferentes datas de transplante**", foi planeada para a execução da presente experiência durante a época de *kharif* 2018-19 e 2019-20.

As observações sobre os caracteres de crescimento vegetativo, o rendimento e o comportamento da qualidade oferecem informações de extrema importância para os investigadores e para os produtores comerciais de produtos hortícolas. Os resultados experimentais apresentados no capítulo anterior são discutidos aqui com causas prováveis, citando evidências de apoio sobre o assunto que estão disponíveis na revisão da literatura relacionada.

4.2.1. Efeito de variedades e datas de transplante no crescimento vegetativo da cebola.

4.2.1.1. Altura da planta

Os resultados experimentais defendem que a altura da planta foi influenciada pelas diferentes datas de transplante e cultivares de cebola com base em valores agrupados (a 120 DAT) de dois anos de dados (2018-19 e 2019-20), a altura máxima da planta (66,93 cm) foi encontrada quando foi transplantada em 30th setembro (D4) seguido de 20th Transplante de outubro (D6). Entre as duas cultivares, a L-883 (V2) apresentou a maior altura de planta (65,80 cm e 65,36 cm, em 2018-19 e 2019-20, respetivamente) em comparação com a variedade Agrifound Dark Red (V1) (64,98 cm e 64,69 cm no primeiro e segundo ano, respetivamente). O efeito da interação entre a data de transplante e as cultivares na altura das plantas também foi estatisticamente significativo. A altura máxima da planta (68,78 cm e 67,98 cm em 1st e 2nd ensaios anuais, respetivamente) foi observada com D4 xV2 (30th transplante de setembro x variedade L-883), seguido por D6 xV1 (20th outubro x Agrifound Dark Red) e a altura mínima da planta (61,20 cm e 60,08 cm em 2018-19 e 2019-20, respetivamente) foi observada com D1 x V1 (30th agosto x Agrifound Dark Red). Ficou claro que as plantas transplantadas tardiamente tinham uma altura máxima maior do que as plantas transplantadas precocemente e isso pode ser devido ao fato de que o clima congênito (Tabela 3.1) em datas posteriores ao transplante foi melhor para seu crescimento. Porque a temperatura óptima é importante para a fotossíntese e actividades fisiológicas relacionadas nas plantas, o que tem uma correlação positiva com o seu crescimento e desenvolvimento. Resultados semelhantes foram também comunicados por Singh *et al.* (2011), Santra *et al.* (2017), Nayee *et al.* (2010), Khodadadi (2012) e Sharma e Jarial (2017), que também trabalharam com cebola. No entanto, Mohanta e Mandal (2014) citaram um efeito não significativo da interação entre datas de transplante e variedades na altura das plantas.

4.2.1.2. Número de folhas por planta

Os valores agrupados de dois anos de dados (2018-19 e 2019-20) também mostraram que o número máximo de folhas (14,99) foi encontrado no transplante D4 (30th setembro) seguido de 20th Transplante de outubro (D6) e L-883 (V2) mostrou o maior número de folhas (14,44 e 14,16, em 2018-19 e 2019-20, respetivamente) em comparação com Agrifound Dark Red (V1) (13,90 e 13,99 em dois anos, respetivamente). O efeito de interação mostrou que o número máximo de folhas (15,91 em 1st e 15,64 em 2nd ensaios anuais, respetivamente) foi observado com D4 xV2 (30th transplante de setembro x variedade L-883), seguido de D6 xV1 (20th outubro x Agrifound Dark Red) e o número mínimo de folhas (12,14 e 12,43 em dois anos, respetivamente) foi observado com D1 x V1 (30th agosto x Agrifound Dark Red). Também foi observado que o número máximo de folhas por planta foi contado a partir do transplante de 30th de setembro em todos os estágios de crescimento (30 a 120 DAT), o que foi estatisticamente igual à data de plantio de 1st de setembro aos 30 e 90 DAP. Considerando que, o número mínimo de folhas por planta foi observado em 1st , plantio de agosto (30, 60 e 90 DAP), que foi observado estatisticamente a par com 15th plantio de agosto (30 e 60 DAP) na análise conjunta de dados de dois anos. Um efeito significativo semelhante de diferentes datas de plantação no número de folhas por planta também foi registado por Sharma *et al.* (2009), Kushal *et al.* (2016), Dewangan e Sahu (2014b) e Jatav (2014).

4.2.1.3. Comprimento das folhas.

Foi evidente que o comprimento máximo das folhas (47,60 cm) (aos 120 DAT) foi registado nas cebolas transplantadas a 30th de setembro (D4) seguido de 20th transplante de outubro (D6). A cultivar L-883 (V2) apresentou o maior comprimento de folha (46,70 cm e 45,69 cm, em 2018-19 e 2019-20, respetivamente) sobre Agrifound Dark Red (V1) (45,62 cm e 45,20 cm em dois anos, respetivamente). O efeito de interação também teve um efeito estatisticamente significativo no comprimento das folhas. O comprimento máximo das folhas (49,58 cm e 48,89 cm em 1st e 2nd ensaios anuais, respetivamente) foi observado com D4 xV2 (30th transplante de setembro x variedade L-883), seguido por D6 x V1 (20 de outubro x Agrifound Dark Red), e o comprimento mínimo das folhas (43,26 cm e 41,68 cm em dois anos, respetivamente) foi observado com D1 x V1 (30th agosto x Agrifound Dark Red). Os resultados também estão de acordo com as constatações feitas por Nayee *et al.* (2009), Mohanty (2001) e Khurana *et al.* (2003) em cebola. A forte precipitação durante o transplante precoce pode ser responsável pelos maus resultados no transplante precoce, ao passo que as condições climatéricas óptimas durante o transplante a partir de setembro tiveram um melhor crescimento em termos de comprimento e número de folhas.

4.2.1.4 Espessura do pescoço

Aos 120 DAT, a espessura máxima do pescoço (23,19 mm) foi encontrada quando a cebola foi transplantada em 30 de setembroth (D4) seguido por 20th outubro (D6). Entre as duas cultivares, a L-883 (v2) apresentou a espessura do colo (22,97 mm e 22,48 mm, em 2018-19 e 2019-20, respetivamente) em comparação com a Agrifound Dark Red (v1) (22,47 mm e 21,98 mm em dois anos, respetivamente). O efeito da interação entre a data de transplante e as cultivares foi observado como tendo um efeito estatisticamente significativo na espessura do colo. A espessura máxima do colo (24,11 mm e 23,87 mm em ensaios de 1st e 2nd anos, respetivamente) foi observada com D4 xV2 (30th transplante de setembro x variedade L-883), seguida por D6 x V1 (20th outubro x Agrifound Dark Red) e a espessura mínima do colo (20,50 mm e 20,76 mm em dois anos, respetivamente) foi observada com D1 x V1 (30th agosto x Agrifound Dark Red). Enquanto isso, o diâmetro mínimo do colo foi observado no plantio de 30th de agosto aos 30, 60 e 90 DAP na análise conjunta de dados de dois anos, embora tenha sido estatisticamente igual ao transplante de 30th de agosto aos 60 DAP. O crescimento melhorado das plantas com transplantação a meio ou atrasada contribuiu provavelmente para uma maior fotossíntese, causando um colo mais espesso na cebola (Nayee *et al.*, 2010, Mohantaand Mandal, 2014, Dewangan e Sahu, 2014 e Tripathy *et al.*, 2014).

4.2.2 Efeito de diferentes datas de transplante na produção de caraterísticas de cultivares de cebola:

4.2.2.1. Efeito de diferentes datas de transplantação nos dias de colheita do bolbo na cebola *da campanha*

A descoberta experimental revelou que os dias para a colheita do bulbo influenciaram com as diferentes datas de transplante e cultivares de cebola com base em valores agrupados de dois anos de dados (2018-19 e 2019-20), o máximo de dias para a colheita do bulbo (138,00 dias a partir do transplante) foi encontrado quando as mudas de cebola foram transplantadas em 30 de setembroth (D4) seguido por 20th Transplante de outubro (D6). A cultivar L-883 (v2) mostrou colheita tardia (dias mais altos para a colheita) (133,04 dias e 132,67 dias em 2018-19 e 2019-20, respetivamente) em comparação com a variedade Agrifound Dark Red (v1) (131,67 e 131,54 dias em dois anos, respetivamente). O efeito da interação entre a data de transplante e as cultivares também mostrou os dias máximos de colheita do bolbo (145 e 142 dias em 1st e 2nd ano, respetivamente) com D7 xV2 (30th novembro transplante x variedade L-883), seguido de D6 xV1 (20th outubro x Agrifound Dark Red), enquanto que os dias mínimos de colheita (122 dias e 123 dias em dois anos, respetivamente) foram observados com D1xV1 (30th agosto x Agrifound Dark Red). Estes resultados estão em estreita conformidade com os trabalhos de Rajalingam e Haripriya (2000), Sharma e Jarial (2017) e Ketema *et al.* (2013). O transplante precoce pode acelerar a taxa de crescimento e desenvolvimento devido à presença de temperatura e humidade mais elevadas. Por outro lado, as cebolas transplantadas a meio ou tarde entraram na fase de maturação durante o início e o meio do inverno, quando a temperatura era baixa, pelo que o crescimento e o desenvolvimento também poderiam ser lentos e atrasar a colheita.

4.2.2.2 Efeito de diferentes datas de transplante no peso fresco do bolbo em cultivares de cebola sem cura

Houve um efeito significativo no peso fresco do bulbo influenciado por diferentes datas de transplante de cultivares de cebola transplantadas em 30th setembro (D4) mostrou o peso fresco máximo do bulbo (116,26 g) seguido por 20th Transplante de outubro (D6). Entre as cultivares, L-883 (v2) apresentou o maior peso fresco (103,11g e 101,26 g em 2018-19 e 2019-20, respetivamente) em comparação com a variedade Agrifound Dark Red (v1) (99,66 g e 97,92 g em dois anos, respetivamente). Em termos de efeito de interação, o peso fresco máximo do bolbo (123,77 g e 121,40g em 1st e 2nd ano de experiência, respetivamente) foi observado com D4 xV2 (30th transplante de setembro x L-883) seguido de D6 xV1 (20th outubro x Agrifound Dark Red). O peso fresco mínimo (74.33g e 73.87g em dois anos, respetivamente) foi observado com D1xV1 (30th agosto x Agrifound Dark Red). As descobertas de Das *et al.* (2015), Bosekeng e Coetzer (2013) e Ketema *et al.* (2013) também corroboraram com o presente estudo e podem ser devidas a uma maior absorção de humidade e a um maior crescimento vegetativo que aumentou a atividade fotossintética, resultando numa melhor reserva alimentar.

4.2.2.3 Efeito das diferentes datas de transplantação e das variedades no peso médio dos bolbos da cebola *da campanha,* após cura curta

Tal como o peso fresco, o peso seco dos bolbos de cebola após a cura curta também foi influenciado pelas diferentes datas de transplante e cultivares. O peso médio máximo do bolbo curado (77,27 g) foi encontrado quando foi transplantado a 30 de setembroth (D4) seguido de 20th transplante de outubro (D6). Entre as duas cultivares, L-883 (V2) mostrou o peso seco do bulbo após a cura (71,67 g e 70,17 g, em 2018-19 e 2019-20, respetivamente) em comparação com a variedade Agrifound Dark Red (V1) (70,11 g e 69,22 g em dois anos, respetivamente). No efeito de interação, o peso seco máximo do bulbo após a cura (80,36g e 77,39g em 1st e 2nd ano, respetivamente) foi observado com D4 xV2 (30th Transplante de setembro x variedade L-883), seguido por D6 x V1 (20th outubro x Agrifound Dark Red) enquanto, o peso seco mínimo do bulbo após a cura (60,17g e 59,91g em dois anos, respetivamente) foi observado com D1V1 (30th agosto x Agrifound Dark Red). Os resultados também foram apoiados com os dados observados, conforme relatado por Walle *et al.* (2018), Rugi *et al.* (2018) e Ketema *et al.* (2018).

4.2.2.4 Efeito de diferentes datas de transplante na produção de bolbos por parcela (kg) em cultivares de cebola (*kharif*)

O rendimento máximo por parcela (10,02 kg) foi estimado quando a cebola foi transplantada em 30 de setembroth (D4) seguido por 20th outubro (D6). Entre as cultivares, a L-883 (V2) apresentou o rendimento por parcela (9,29 kg e 9,16 kg, em 2018-19 e 2019-20, respetivamente) em comparação com a variedade Agrifound Dark Red (V1) (9,11 kg e 8,97 kg em dois anos, respetivamente). Houve também um efeito significativo da interação entre a data de transplante e as cultivares no rendimento por parcela. O rendimento máximo por parcela (10,45 kg e 10,19 kg em 1st e 2nd ensaios anuais, respetivamente) foi observado com D4 xV2 (30th transplante de setembro x variedade L-883), seguido por D6 xV1 (20th outubro x Agrifound Dark Red) e o rendimento mínimo por parcela (7,82 kg e 7,79 kg em dois anos, respetivamente) foi observado com D1 x V1 (30th agosto x Agrifound Dark Red). Resultados semelhantes foram também registados por Sharma *et al.* (2003) e Mahadeen (2009) e Prasad *et al.* (2017) na cebola.

4.2.2.5 Efeito das diferentes datas de transplantação e das variedades no rendimento por hectare da cebola *da quaresma*

Posteriormente, o rendimento por hectare foi calculado e foi visto a partir dos valores agrupados de dois anos de dados (2018-19 e 2019-20) que o rendimento máximo (382,68 q/ha) foi encontrado quando foi transplantado em 30 de setembroth (D4) seguido por 20th outubro (D6). Entre as duas cultivares, L-883 (V2) mostrou o rendimento por (357,84 q/ha e 351,98 q/ha, em 2018-19 e 2019-20, respetivamente) em comparação com Agrifound Dark Red (V1) (350,21 q/ha e 344,96 q/ha respetivamente em dois anos). O efeito de interação entre a data de transplante e as cultivares também teve um efeito estatisticamente significativo no rendimento por hectare. O rendimento máximo por hectare (395,87 q/ha e 391,95 q/ha em 1st e 2nd ensaios anuais, respetivamente) foi observado com D4 xV2 (30th transplante de setembro x variedade L-883), seguido por D6 xV1 (20th outubro x Agrifound Dark Red) e o rendimento mínimo por hectare (300.87 q/ha e 299,57 q/ha em dois anos, respetivamente) foi observado com D1 x V1 (30th agosto x Agrifound Dark Red). Estes resultados estão em estreita conformidade com as conclusões de Mohanta e Mandal (2014), Das *et al.* (2015), Sharma e Jarial (2017), Vidhya e Anburani (2004) e Ghosh *et al.* (2004). O aumento da produção de bolbos pode dever-se ao aumento do crescimento da planta em termos de altura, número de folhas e comprimento das folhas, o que provocou um aumento da fotossíntese, com mais área de superfície para uma maior síntese de clorofila. Verificou-se também que a produção de bolbos diminuiu devido ao transplante demasiado precoce e demasiado tardio, o que pode dever-se a condições meteorológicas menos favoráveis para ambas as variedades.

4.2.3 Efeito da data de transplantação e das variedades nos caracteres morfológicos do bolbo de cebola *da campanha*

4.2.3.1 Efeito de diferentes datas de transplantação no teor de matéria seca dos bolbos de cebola

O teor de matéria seca é um dos caracteres de qualidade mais importantes que determina o crescimento e o desenvolvimento adequados da cultura. No presente estudo, os valores agrupados de dois anos de dados (2018-19 e 2019-20) mostraram que o teor máximo de matéria seca (15,22%) no D4, *ou seja*, transplante em 30th setembro seguido de 20th Transplante de outubro (D6). A cultivar L-883 (V2) relatou o teor máximo de matéria seca de 13,10 % e 12,79 %, em 2018-19 e 2019-20, respetivamente, em comparação com a variedade Agrifound Dark Red (V1) (12,60 % e 11,99 % em dois anos, respetivamente). O efeito de interação entre a data de transplante e as cultivares teve um efeito estatisticamente significativo no teor de matéria seca e registou o máximo de matéria seca (17,45 % e 16.45 % em 1st e 2nd ano, respetivamente) com D4 xV2 (30th transplante de setembro x variedade L-883) seguido por D6 x V1 (20th outubro x Agrifound Dark Red) e o conteúdo mínimo de matéria seca (9.96 % & 9.80 % em dois anos, respetivamente) foi observado com D1 x V1 (30th agosto x Agrifound Dark Red). Achados similares também foram observados por Wal e Corgan (1999), Mallangouda *et al.* (1995), Gupta *et al.* (1999) e Devi e Limi (2005). Um melhor crescimento vegetativo em D4 e V2 pode produzir mais materiais alimentares e, assim, as plantas sob esse tratamento reservaram mais materiais alimentares no bolbo da cebola, causando um maior teor de matéria seca.

4.2.3.2 Efeito de diferentes datas de transplante no volume do bolbo em cultivares de cebola

Com base nos valores agrupados de dois anos de dados (2018-19 e 2019-20), o volume máximo de bulbo (75,82 ml) foi encontrado quando foi transplantado em 30 de setembro th (D4) seguido por 20th Transplante de outubro (D6). Entre as duas cultivares, L-883 (V2) mostrou o volume de bulbo (72,08 ml e 68,19 ml, em 2018-19 e 2019-20, respetivamente) em comparação com a variedade Agrifound Dark Red (V1) (70,29 ml e 65,88ml em dois anos, respetivamente). O efeito da interação entre a data de transplante e as cultivares observou um efeito estatisticamente significativo no volume do bulbo. Na interação dos tratamentos, o volume máximo de bolbos (85,00 ml e 80,31 ml em 1st e 2nd ano, respetivamente) foi medido com D4 xV2 (30th transplante de setembro x variedade L-883), seguido de D6 xV1 (20th outubro x Agrifound Dark Red) e o volume mínimo de bolbos (61,33 ml e 57,17 ml em dois anos, respetivamente) foi observado com D1 x V1 (30th agosto x Agrifound Dark Red). Resultados semelhantes foram também registados por Rajalingam e Haripriya (2000), Soni *et al.* (2016), Ahmed *et al.* (2020) e Khan *et al.* (2020).

4.2.3.3 Efeito de diferentes datas de transplantação na gravidade específica dos bolbos de cebola da *kharif*

A gravidade específica significa a proporção relativa de peso e volume. Com base nos valores agrupados de dois anos de dados (2018-19 e 2019-20), a gravidade específica máxima (1,17 g/cc) foi encontrada quando a cebola foi transplantada em 30 de setembro th (D4) seguido por 20th transplante de outubro (D6) e L-883 (V2) mostrou a gravidade específica máxima (1,13 g/cc e 1,12 g/cc, em 2018-19 e 2019-20, respetivamente). Também foi observado que D4 xV2 (30th transplante de setembro x variedade L-883) causou gravidade específica máxima (1,23 g / cc e 1,20 g / cc em 1st e 2nd ensaios anuais, respetivamente) seguido por D6 x V1 (20 de outubro x Agrifound Dark Red). Achados semelhantes também foram observados por Ballabh *et al.* (2013) ao trabalharem com cebola. O melhor crescimento vegetativo em D4 acelerou a fotossíntese e a translocação de materiais fotossintéticos para o órgão de armazenamento (bolbo), resultando num aumento do teor de matéria seca do bolbo, do peso médio e, por conseguinte, do peso específico.

4.2.3.4 Efeito de diferentes datas de transplante no comprimento do bolbo em cultivares de cebola

Como mencionado anteriormente, o comprimento do bolbo também foi influenciado pelas diferentes datas de transplante no comprimento do bolbo (cm) das cultivares de cebola, o comprimento máximo do bolbo (63,91 cm) foi encontrado em 30 de setembro th (D4) seguido de 20th transplante de outubro (D6). Entre as duas cultivares, a L-883 (V2) apresentou o comprimento do bolbo (59,81 mm e 58,50 mm, em 2018-19 e 2019-20, respetivamente). Houve também um efeito significativo da interação entre a data de transplante e as cultivares no comprimento do bolbo. O comprimento máximo do bolbo (66,53 mm e 65,53 mm em 1st e 2nd ano, respetivamente) foi observado com D4 xV2 (30th transplante de setembro x variedade L-883), seguido por D6 xV1 (20th outubro x Agrifound Dark Red), e o comprimento mínimo do bolbo (48,46 mm e 47,79 mm em dois anos, respetivamente) foi observado com D1 x V1 (30th agosto x Agrifound Dark Red). Estes resultados estão em estreita conformidade com as conclusões de Singh

(2005), Rajalingam e Haripriya (2000) e Prasad *et al.* (2017) em cebola.

4.2.3.5 Efeito de diferentes datas de transplantação no diâmetro polar do bolbo de cebola da *kharif*

Com base nos valores agrupados de dois anos de dados, ficou claro que o diâmetro polar máximo (53,98 mm) foi encontrado no transplante de 30 de setembroth (D4) seguido pelo transplante de 20th outubro (D6). L-883 (V2) mostrou o diâmetro polar (48,43 mm e 47,37 mm, em 2018-19 e 2019-20, respetivamente) em comparação com a variedade Agrifound Dark Red (V1) (46,84 mm e 45,94 mm em dois anos, respetivamente). A experiência também revelou que o diâmetro polar máximo (58,68 mm e 55,47 mm em 1st e 2nd ano, respetivamente) foi observado com D4 x V2 (30th transplante de setembro x variedade L-883), seguido por D6 x V1 (20th outubro x Agrifound Dark Red), e o mínimo (41,33 mm e 41,49 mm em dois anos, respetivamente) foi registado com D1 x V1 (30th agosto x Agrifound Dark Red). Estes resultados estão em estreita conformidade com as conclusões de Kushal *et al.* (2016), Sharma *et al.* (2009), Umamaheswarappa *et al.* (2015). Isto pode dever-se a uma maior absorção de humidade e a um maior crescimento vegetativo, o que resulta numa melhor reserva alimentar e num maior diâmetro dos bolbos.

4.2.3.6 Efeito de diferentes datas de transplante no diâmetro equatorial de cultivares de cebola

O diâmetro equatorial máximo (69,06 mm) foi encontrado quando foi transplantado em 30 de setembroth (D4) seguido por 20th transplante de outubro (D6). Entre as duas cultivares, L-883 (V2) apresentou o maior diâmetro equatorial (69,06 mm e 63,75 mm, respetivamente) em comparação com Agrifound Dark Red (V1) (63,22 mm e 62,51 mm em dois anos, respetivamente). Considerando a interação entre a data de transplante e as cultivares, o diâmetro equatorial máximo (74,50 mm e 73,43 mm em ensaios de 1st e 2nd anos, respetivamente) foi observado com D4 x V2 (30th transplante de setembro x variedade L-883), seguido de D6 x V1 (20th outubro x Agrifound Dark Red), e o mínimo (51,31 mm e 50,71 mm em dois anos, respetivamente) foi observado com D1 x V1 (30th agosto x Agrifound Dark Red). Os resultados estão de acordo com o relatório de Tripathi (2006), Mohanta e Mandal (2014), Dhotre *et al.* (2010). Também foi observado que o diâmetro equatorial diminuiu devido ao transplante demasiado cedo e demasiado tarde, o que pode ser devido a condições climatéricas menos favoráveis para ambas as variedades.

4.2.3.7 Efeito de diferentes datas de transplantação no número de escamas frescas por bolbo na cebola *da colheita*

O número máximo de escamas por bolbo foi registado com as diferentes datas de transplante em cultivares de cebola com base em valores agrupados; o número máximo de escamas por bolbo (11,75) foi contado quando as plântulas de cebola foram transplantadas a 30 de setembroth (D4) seguido de 20th transplante de outubro (D6). Entre as duas cultivares, L-883 (V2) mostrou o número de escamas por bulbo (10,00 e 9,12, em 2018-19 e 2019-20, respetivamente) em comparação com a variedade Agrifound Dark Red (V1) (9,46 e 8,54 em dois anos, respetivamente). O efeito da interação entre a data de transplante e as cultivares também teve um efeito estatisticamente significativo no número de escamas por bolbo. O número máximo de escamas por bolbo (13.00 e 12.33 em 1st e 2nd ensaios anuais, respetivamente) foi observado com D4xV2 (30th transplante de setembro x variedade L-883), seguido por D6 x V1 (20th outubro x Agrifound Dark Red) e o número mínimo de escamas por bolbo (6.33 e 5.33 em dois anos, respetivamente) foi observado com D1 x V1 (30th agosto x Agrifound Dark Red). Estes resultados também estão em estreita conformidade com os resultados de Hygrotech (2010) e Ballabh *et al.* (2013) em cebola. A forte precipitação durante o transplante precoce pode ser responsável pelos maus resultados no transplante precoce, enquanto as condições climatéricas óptimas durante o transplante a partir de 30th de setembro tiveram um melhor crescimento em termos de número de escamas do bolbo de cebola.

4.2.4 Efeito de diferentes datas de transplante e cultivares nos traços de qualidade química dos bolbos de cebola

4.2.4.1 Efeito de diferentes datas de transplante nos sólidos solúveis totais em bolbos de cultivares de cebola

A leitura dos dados de dois anos de estudo revelou significativamente que o transplante em 20th

setembro (D3) teve conteúdo de TSS no bulbo de cebola seguido por 30th Transplante de outubro (D7). Entre as duas cultivares, o TSS foi maior em L-883 (V2) ($11,25^{0}$ Brix e $10,84^{0}$ Brix em 2018-19 e 2019-20, respetivamente) em comparação com a variedade Agrifound Dark Red (V1) (11,41 e $11,41^{0}$ Brix em dois anos, respetivamente). O efeito de interação do tratamento combinado com várias datas de transplante e cultivares teve um impacto significativo no teor de SST. A análise laboratorial registrou que o máximo de TSS foi encontrado com D3 xV2 (20th transplante de setembro x variedade L-883), seguido por D7 x V1 (30th outubro x Agrifound Dark Red), e o mínimo de TSS (8,86 & $8,76^{0}$ Brix em dois anos, respetivamente) foi observado no bulbo com D1 x V1 (30th agosto x Agrifound Dark Red). Estes resultados estão em estreita conformidade com as conclusões de (Crowther *et al.* 2005) Mahanthesh *et al.* (2009b), Patil *et al.* (2012) e Tripathy *et al.* (2014).

4.2.4.2 Efeito de diferentes datas de transplantação e variedades nos açúcares totais dos bolbos de cebola.

Tal como referido no capítulo anterior, os açúcares totais variaram com as diferentes datas de transplantação. Com base nos valores agrupados de dois anos de dados (2018-19 e 201920), o máximo de açúcares totais (10,17%) estimado a partir do bolbo de cebola que foi transplantado a 20 de $setembro^{th}$ (D3) seguido de 30th transplante de outubro (D7).A cultivar L-883 (V2) apresentou o teor de açúcares totais (9,72 % e 9,69 %, em 2018-19 e 2019-20, respetivamente) no bolbo em comparação com Agrifound Dark Red (V1) (9,14 % e 9,10 % em dois anos, respetivamente). Considerando o efeito de interação, o máximo de açúcares totais (11,10 % e 11,04 %) em 1st e 2nd ano, respetivamente) foi observado com D3 xV2 (20th transplante de setembro x variedade L-883), seguido de D7 xV1 (30th outubro x Agrifound Dark Red), e o mínimo de açúcares totais (8,03 % e 7,95 % em dois anos, respetivamente) foi registado com D1 x V1 (30th agosto x Agrifound Dark Red). Estes resultados estão em estreita conformidade com as conclusões de Dewangan e Sahu (2014), Navaldey *et al.* (2016), Ashok *et al.* (2013), Deshpande *et al.* (2013) e Steen e Benkeblia (2014), quando trabalharam com cebola. O elevado teor de açúcares totais na transplantação D3 (20 de $setembro^{th}$) pode dever-se à acumulação de mais matéria seca no bolbo, o que foi atribuído ao crescimento vegetativo máximo com fotossíntese melhorada, como referido anteriormente. Esta poderá ser também a região onde o teor de SST é mais elevado.

4.2.4.3 Efeito de diferentes datas de transplante no açúcar redutor em cultivares de cebola

Da mesma forma, o açúcar redutor também foi registado como mais elevado (5,58%) quando as cultivares de cebola foram transplantadas durante 20th setembro seguido de 30th transplante de outubro (D7). Entre as duas cultivares, a L-883 (V2) apresentou maior redução de açúcar (5,47% e 5,44%, em 2018-19 e 2019-20, respetivamente) em comparação com a variedade Agrifound Dark Red (V1) (5,09% e 5,07% em dois anos, respetivamente). O efeito da interação entre a data de transplante e as cultivares foi observado como um efeito estatisticamente significativo no açúcar redutor, com o máximo de açúcar redutor (5,45 % e 5.43 %) em 1st e 2nd ano respetivamente) foi observado com D3 x V2 (20th transplante de setembro x variedade L-883), seguido por D7 xV1 (30th outubro x Agrifound Dark Red), e o açúcar redutor mínimo (4.43 % e 4.40 % em dois anos, respetivamente) foi observado com D1 x V1 (30th agosto x Agrifound Dark Red). Os resultados anteriores de Steen e Benkeblia (2014), Kandoliya *et al.* (2015), Prajapati *et al.* (2016) e Behera *et al.* (2017) também estão em conformidade com o presente resultado.

4.2.4.4 Efeito de diferentes datas de transplantação no açúcar não redutor em cultivares de cebola

Da mesma forma, o máximo de açúcar não redutor (4,59%) foi encontrado quando foi transplantado em 20 de $setembro^{th}$ (D3) seguido por 30th transplante de outubro (D7). Entre as duas cultivares, a L-883 (V2) apresentou os açúcares totais (4,27 % e 4,25 %, em 2018-19 e 2019-20, respetivamente) em comparação com a variedade Agrifound Dark Red (V1) (4,05 % e 4,03 % em dois anos, respetivamente). Na interação de tratamentos combinados, o máximo de açúcar não redutor (4,92 % e 4,87 %) em ensaios de 1st e 2nd anos, respetivamente) foi observado com D3 xV2 (20th transplante de setembro x variedade L-883), seguido de D7 xV1 (30th outubro x Agrifound Dark Red), e o mínimo de açúcar não redutor (3,59 % e 3,55% em dois anos, respetivamente) foi observado com D1 x V1 (30th agosto x Agrifound Dark Red). Achados semelhantes também foram observados por Deshpande *et al.* (2013), Ashok *et al.* (2013) e Navaldey *et al.* (2016) em cebola.

4.2.4.5 Efeito de diferentes datas de transplantação e cultivares no teor de ácido ascórbico em bolbos de cebola.

Tal como referido nos resultados, o teor de ácido ascórbico (vitamina C) também foi significativamente influenciado pela transplantação precoce ou tardia para a produção de cebola *da kharif.* Verificou-se que o máximo de ácido ascórbico (10,16 mg/100g) foi registado em 20th setembro para transplante (D3) seguido de 30th outubro para transplante (D7). Entre as duas cultivares, a L-883 (V2) apresentou melhor resposta em relação ao ácido ascórbico (9,28 mg/100g e 9,27 mg/100g, em 2018-19 e 2019-20, respetivamente) em comparação com a variedade Agrifound Dark Red (V1) (9,25 e 9,18 mg/100g em dois anos, respetivamente). O efeito da interação entre a data de transplante e as cultivares também teve um efeito significativo no ácido ascórbico. O máximo de ácido ascórbico (10.47 e 10.32 mg/100g) em 1st e 2nd ensaios anuais, respetivamente) foi observado com D3 xV2 (20th transplante de setembro x variedade L-883), seguido por D7 x V1 (30th outubro x Agrifound Dark Red), e o mínimo de ácido ascórbico (8.29mg/100g e 8.17 mg/100g em dois anos, respetivamente) foi observado com D1 x V1 (30th agosto x Agrifound Dark Red). Estes resultados estão em estreita conformidade com as conclusões de Leja *et al.* (2008) e Prasad *et al.* (2017). A partir dos dados observados, ficou claro que a acidez aumentou na data inicial do transplante. Tal pode dever-se ao facto de as plantas transplantadas em datas precoces poderem ter um menor crescimento vegetativo devido a chuvas fortes ou a condições meteorológicas menos favoráveis, o que causou um desequilíbrio na reserva e translocação da fotossíntese. Esta situação pode aumentar a acidez dos bolbos de cebola.

4.2.4.6 Efeito de diferentes datas de transplante na acidez titulável em bolbos de cebola.

A acidez titulável é um parâmetro de qualidade importante e na pré a acidez máxima (0,52%) foi encontrada quando foi transplantada em 30 de agostoth (D1) seguido por 10th transplante de setembro (D2). Entre as duas cultivares, a L-883 (V2) mostrou a acidez (0,42% e 0,40%, em 2018-19 e 2019-20, respetivamente) em comparação com a variedade Agrifound Dark Red (V1) (0,44% e 0,41 em dois anos, respetivamente). O efeito de interação da data de transplante e das cultivares observou uma acidez máxima (0,54% e 0,53%) em ensaios de 1st e 2nd anos, respetivamente) com D1 xV1 (30th transplante de agosto x variedade L-883), seguido de D2 x V1 (10th setembro x Agrifound Dark Red), e a acidez mínima (0,28% e 0,25% em dois anos, respetivamente) foi observada com D3 x V2 (30th setembro x Agrifound Dark Red). Estes resultados estão em estreita conformidade com as conclusões de (Khan *et al.* (2020)

4.2.4.7. Efeito de diferentes datas de transplantação no teor de enxofre dos bolbos de cebola e das cultivares.

Com base nos valores agrupados de dois anos de dados (2018-19 e 2019-20), o teor máximo de enxofre foi determinado em plantas transplantadas em 30 de setembroth (D4) seguido de 20th transplante de outubro (D6). Entre as duas cultivares, a L-883 (V2) apresentou o enxofre (0,39 % e 0,27 %, em 2018-19 e 2019-20, respetivamente) em comparação com a variedade Agrifound Dark Red (V1) (0,29 % e 0,20 % em dois anos, respetivamente). O máximo de enxofre (0.29 % e 0.51%) em 1st e 2nd ano, respetivamente) foi observado com D6 xV2 (10th transplante de outubro x variedade L-883), seguido por D3 x V1 (20th setembro x Agrifound Dark Red), e o conteúdo mínimo de enxofre (0.31 % e 0.16 % em dois anos, respetivamente) foi observado com D1 x V1 (30th agosto x Agrifound Dark Red). Resultados semelhantes foram também registados por **Mukesh Kumar. (2015)**

4.2.5 Rácio benefício-custo:

4.2.5 Efeito de diferentes datas de transplantação e variedades na viabilidade económica da produção de cebola *da campanha.*

O estudo económico revelou que as diferentes datas de transplantação tiveram um efeito significativo no rendimento bruto e no rendimento líquido da produção de cebola *da campanha.* A variação também se verificou em função das variedades. Os resultados mostraram que o rendimento bruto e líquido máximo foi obtido com a variedade V2 (L- 883) quando transplantada a 10th de setembro (D2), seguida da V1 (Agrifound Dark Red) transplantada no mesmo dia (D2). O maior retorno líquido causado é o aumento comercializável na relação Benefício: custo de (18,58) e (12,47) seguido por (18,11) e (12,32) em comparação com o transplante tardio. O rácio B:C mais elevado obtido na transplantação precoce também impulsionou a colheita precoce quando o preço da cebola era elevado devido à indisponibilidade de cebola no mercado. A elevada procura provocou um rendimento elevado, bem como um rácio B:C elevado. No entanto, numa fase posterior da colheita, o preço de mercado era mais baixo do que no início da colheita, o que resultou num menor rendimento e num rácio B:C mais baixo do que nos outros tratamentos. Observou-se também que, no segundo ano de ensaio, o preço de mercado não era tão elevado em todo o país, pelo que o rendimento líquido e o rácio B:C foram comparativamente inferiores aos do primeiro ano de ensaio. O desempenho global da cebola kharif sugere que a produção fora de época pode ser mais rentável, tal como afirmaram vários cientistas, tendo sido comunicados resultados semelhantes por Nandal e Singh (2002), Kalhapure e Shete (2013) e Patel *et al.* (2011), neste domínio, como a cebola.

Capítulo V

RESUMO E CONCLUSÃO

A presente investigação intitulada "**Desempenho das cultivares de cebola *(Allium cepa* L.) como cultura *de kharif* em diferentes datas de transplante**" foi realizada na Quinta de Investigação em Horticultura do Departamento de Horticultura, Escola de Ciências e Tecnologia Agrícolas, Universidade Babasaheb Bhimrao Ambedkar, Vidya Vihar, Rae Bareli Road, Lucknow durante 2018-19 e 2019-20. O resultado foi discutido à luz da literatura disponível e do trabalho de investigação relatado por trabalhadores anteriores sobre cebola e afins. Os resultados experimentais são agora resumidos e apresentados a seguir:

Crescimento vegetativo e atributos:

Efeito de diferentes datas de transplantação e variedades no crescimento vegetativo da cebola *kharif.*

1. A altura máxima da planta (66,93 cm) foi observada durante ambos os anos com D4 xV2 (30th transplante de setembro x variedade L-883) seguido de D6 xV1 (20th outubro x Agrifound Dark Red) e a altura mínima da planta (62,22 cm) foi registada em D1 x V1 (30th agosto x Agrifound Dark Red)).
2. O número de folhas por planta (14,99) foi observado no máximo com o tratamento D4 xV2 (30th transplante de setembro x variedade L-883), seguido por D6 xV1 (20th outubro x Agrifound Dark Red),
3. O comprimento da folha também foi máximo em V2 (L-883) quando (47,60), transplantado em 30th setembro (D4) seguido por (47,16) D6 xV1 (20th outubro x Agrifound Dark Red), enquanto o comprimento mínimo da folha (43,34) foi registado em D1 x V1 (30th agosto x Agrifound Dark Red)).
4. Da mesma forma, a espessura máxima do colo (23,19 mm) foi observada durante ambos os anos sob o tratamento D4 xV2 (transplante de 30 de setembro x variedade L-883), seguido por D6 x V1 (20th outubro x Agrifound Dark Red) (23,03 mm).

Parâmetros de rendimento influenciados por diferentes datas de transplante e variedades.

1. Transplantação em D4 xV2 (30th Transplantação de setembro), da variedade V2 (L-883) mostrou atraso na colheita 30th A transplantação de agosto causou uma colheita precoce, levando um mínimo de dias para a colheita.
2. O peso fresco máximo do bolbo (116,26 g) foi observado em ambos os anos do tratamento D4 x V2 (30th transplante de setembro x variedade L-883), seguido de D6 x V1 (20th outubro x Agrifound Dark Red) enquanto o valor mínimo do peso fresco do bolbo (79,16 g) foi registado D1 x V1 (30th agosto x Agrifound Dark Red)).
3. O peso médio máximo do bolbo após a cura curta (77,27 g) em ambos os anos foi obtido no tratamento D4 x V2 (30th transplante de setembro x variedade L-883), seguido de D6 x V1 (20th outubro x Agrifound Dark Red)), enquanto o peso médio mínimo do bolbo após a cura (61,49 g) foi registado D1 x V1 (30th agosto x Agrifound Dark Red)).
4. O tratamento D4 xV2 (30th transplante de setembro x variedade L-883) provocou uma produção máxima de bolbos, seguido do D6 xV1 (20th outubro x Agrifound Dark Red)), (9,46 kg), enquanto a produção mínima de bolbos por parcela (7,99 kg) foi registada com o D1 x V1 (30th agosto x Agrifound Dark Red)).

Também se observou uma tendência semelhante no caso do rendimento por hectare. O bolbo de cebola colhido maduro apresentou um tamanho de bolbo mais elevado no que diz respeito ao comprimento do bolbo e ao volume do bolbo quando transplantado em 30th de setembro (D4) e a variedade V2 apresentou um melhor tamanho de bolbo do que a V1. O diâmetro do bolbo também foi significativamente influenciado pelas datas de transplante e pela variedade. Observou-se que tanto o diâmetro polar como o equatorial foram máximos no tratamento D4 x V2 (30th setembro transplante x variedade L- 883).

Efeito das datas de transplantação e das variedades nas caraterísticas morfológicas do bolbo.

1. O teor máximo de matéria seca do bolbo (15,22%) foi registado com o tratamento (D4 xV2 (30th transplante de setembro x variedade L-883), seguido de D6 x V1 (20th outubro x Agrifound Dark Red)), enquanto o teor mínimo de matéria seca do bolbo (10,08 %) foi

registado com D1 x V1 (30th agosto x Agrifound Dark Red).

2. A gravidade específica máxima (1,17 g/cc) foi registada com D4 xV2 (30th transplante de setembro x variedade L-883), seguida de D6 x V1 (20 de outubro x Agrifound Dark Red), em ambos os anos, enquanto que a gravidade específica mínima (1,08 g/cc) foi registada com D1 xV1 (30th agosto x Agrifound Dark Red).

3. O número máximo de escamas frescas (11,75), por bolbo, foi registado com D4 xV2 (30th transplante de setembro x variedade L-883), seguido de D6 xV1 (20th outubro x Agrifound Dark Red). O número mínimo de escamas (6,17) foi registado com o D1 x V1, ou seja, 30th agosto x Agrifound Dark Red.

Atributos de qualidade dos bolbos de cebola.

1. Um aumento significativo de SST no bolbo foi encontrado com o transplante de 20th setembro de (V2) seguido de D7 xV1 (30th outubro x Agrifound Dark Red). O mínimo de sólidos solúveis totais ($9{,}24^{0}$ Brix)) foi registado com o D1 x V1 (30th agosto x Agrifound Dark Red).

2. O máximo de açúcares totais (10,17%) foi registado durante ambos os anos com D3 xV2 (20th transplante de setembro x variedade L-883), seguido por (9,99%) D7 x V1 30th outubro x Agrifound Dark Red),) enquanto o mínimo de açúcar total (8,81%) foi registado com o (D1 x V1 30th agosto x Agrifound Dark Red).

3. Da mesma forma, o teor de açúcar redutor e não redutor no bolbo também foi analisado e encontrado no máximo com 20th transplante de setembro (D3) na variedade L-883 (V2). O D7 x V1 também apresentou alto teor de açúcar (redutor e não redutor) próximo ao D3 x V2. Também se registou o máximo de açúcar redutor (5,66 %) em ambos os anos, seguido de D7 x V1 (30th outubro x Agrifound Dark Red), A acidez mais elevada foi encontrada no transplante precoce, ou seja, D1 x V1 (30th agosto x Agrifound Dark Red), seguido de D2 x V1 (10th setembro x Agrifound Dark Red), enquanto a percentagem mínima de acidez (0,35%) foi registada com o D4x V1 (30th setembro x Agrifound Dark Red).

4. O teor máximo de enxofre foi registado em ambos os anos com D6 x V2 (10th transplante de outubro x variedade L-883), (0,39 %), seguido de D3 x V1, (20th transplante de setembro x Agrifound Dark Red), (0,32%) enquanto o teor máximo de enxofre foi observado.

5. No que diz respeito à avaliação económica da produção de cebola *da kharif,* o rácio B:C máximo foi registado em ambos os anos com D2 xV2 (20th transplantação de setembro x variedade L-883), seguido de D2 xV1 (10th transplantação de setembro + Agrifound Dark Red), enquanto o rácio B:C mais baixo foi registado com D8 x V1 (10th transplantação de novembro + Agrifound Dark Red).

Conclusão

No presente estudo, verificou-se que os valores máximos para o crescimento vegetativo e as caraterísticas que contribuem para o rendimento, como a altura da planta, o número de folhas/planta, o comprimento da folha, a espessura do colo, o peso médio do bolbo, o rendimento do bolbo, bem como os parâmetros de qualidade física do bolbo, como o comprimento do bolbo, o diâmetro polar, o diâmetro equatorial, o volume do bolbo, o teor de matéria seca, o número de escamas, foram observados quando a variedade L 883 foi transplantada em 30th setembro (D4 x V2). No entanto, os parâmetros de qualidade química, nomeadamente os sólidos solúveis totais, os açúcares totais, os açúcares redutores, os açúcares não redutores, o ácido ascórbico e a acidez, foram superiores na variedade L 883, quando transplantada a 20th de setembro (D_3 x V_2). O teor máximo de enxofre foi estimado quando a variedade L- 883 foi transplantada a 20th de outubro (D6 x V2). Também ficou claro que todas as variedades (V1 , V2) produziram maior rendimento quando transplantadas em 30th de setembro (D4), o que exibiu rendimento máximo e alta relação B: C. Por conseguinte, pode concluir-se que a cultivar L-883 transplantada a 30th de setembro (D4 x V2) pode ser sugerida para a produção de cebola fora de época na região agro-climática subtropical do Uttar Pradesh Central para um melhor crescimento dos bolbos, rendimento e obtenção de mais lucro para os produtores.

BIBLIOGRAFIA

Abayomi, L. A, Terry, L. A., White, S. F. e Warner, P. J. (2006). Desenvolvimento de um biossensor de piruvato descartável para determinar a pungência em cebolas (*Allium cepa* L.). *Biosensors and Bioelectronics*. **21**: 2176-2179.

AbouKhadrah, S. H., El-Sayed, A. A., Geries, L. S. M. e Abdelmasieh, W. K. L. (2017).Resposta do rendimento e da qualidade da cebola a diferentes datas de plantação, métodos e densidade. *Egyptian Journal of Agronomy*, **39**(2): 203 - 219.

Ahmed, S., Rahim, M. A., Moniruzzaman, M., Khatun, M. A. Jahan F. N. e Akter, R. (2020).Efeito do tamanho do bolbo no rendimento de sementes de duas variedades de cebola (*Allium cepa* L.). *SAARC Journal of Agriculture,* **18** (2): 51-65.

Ali, A. A. A., Hamdi, W., Zhani, K. e Hannachi, C. (2015). Avaliação das composições de elementos minerais, açúcares e proteínas em bolbos de oito variedades de cebola (*Allium cepa* L.) cultivadas na Tunísia. *Revista Internacional de Investigação em Engenharia e Tecnologia*, **2** (4):35-39.

Anónimo (2019). Estatísticas agrícolas. Departamento Nacional de Agricultura, República da África do Sul.

Anónimo (2012). NHB DATABASE, Governo da Índia.

Anónimo (1985). Relatório anual da divisão de investigação sobre culturas arvenses 1983-84.

Ashok, P., Sasikala, K. e Pal, N. (2013). Associação entre caracteres de crescimento, rendimento e qualidade do bolbo na cebola, (*Allium cepa L.*).*International Journal of Farm Sciences*, **3** (1):22-29.

Bajaj, K. L., Kaur, G., Singh, J. e Gill, S. P. S. (1980).Avaliação química de algumas variedades importantes de cebola (*Allium cepa* L.).*Plant Foods for Human Nutrition* **30** (2): 117-122.

Ballabh, K, Rana, D. K. e Rawat, S. S. (2013). Efeitos da aplicação foliar de micronutrientes no crescimento, rendimento e qualidade da cebola. *Indian Journal of Horticulture.***70** (2): 260-265.

Behera, T.K., Mandal, J., Mohanta, S., Padhiary, A.K., Behera, S., Behera. D. and Rout, B. A., Mahajan, V., Gupta, A. J. and Singh, M. (2017).Edible Alliums- a source for crop diversification and nutritional security. *Indian Horticulture,* **62**(6): 9-13.

Bosekeng, G. e Coetzer, G.M. (2013). Resposta da cebola (*Allium cepa* L.) às datas de sementeira. *Jornal Africano de Investigação Agrícola*, **8** (22): 275- 276.

Dalamu, Kaur, C., Singh, M., Walia, S., Joshi, S. e Munshi, A. D. (2010). Variações em fenólicos e antioxidantes em cebolas indianas (*Allium cepa* L.): Seleção de genótipos para melhoramento. *Nutrition & Food Science*, **40** (1): 6-19.

Das, M. P. (2017). Estudo dos parâmetros de crescimento, rendimento e qualidade das variedades de Cebola (*Allium cepa* L.). Departamento de Horticultura, Rajmata Vijayaraje Scindia Krishi Viswavidyalaya, Gwalior, R.A.K.College of Agriculture, Sehore, M.P.

Das, R., Thapa, U., Chattopadhyay, N. e Mandal, A. R. (2015).Desempenho de genótipos de cebola *kharif* sob diferentes datas de plantio para produtividade e economia em Gangetic Plains of West Bengal.*Annals of Plant and Soil Research,* **17**(1): 19-23.

Das, T. K. (2008). Effect of seedling age and variety on the yield of *kharif* onion. *Orissa Journal of Horticulture*, **36** (1):126-127.

Deshpande, A. N., Dhage, A. R., Bhalerao, V. P. e Bansal, S. K. (2013).Potassium nutrition for improving yield and quality of onion. Instituto Internacional da Potassa, resultados de investigação, e-ifc n.º 36, dezembro, pp 16-23. (https://www.ipipotash.org/en/eifc/2013/36/4).

Dev, H. (2009). Performance of *kharif* onion varieties in lower hills of Himachal Pradesh. *Haryana Journal of Horticultural Sciences*, **38** (1/2): 122-124.

Dev, H., Badiyala, S. D. e Kohli, U. K. (2005).Response of *kharif* onion (*Allium cepa* L.) to planting time and spacing in lower hills of Himachal Pradesh.*Himachal Journal of Agricultural Research*, **31**(1):58-60.

Devi, A.K.B. e Ado, Limi, (2005). Efeito de fertilizantes e biofertilizantes nos parâmetros de crescimento fisiológico da cebola multiplicadora (*Allium cepa* var. aggregatum). *Indian. Journal.*

Agriculture. Scencei. **75** (6): 352-354.

Dewangan, S. R. e Sahu, G. D. (2014a).Avaliação de diferentes genótipos de cebola *kharif* nas planícies de Chhattisgarh. *Agro. technology*, **2**(4): 145.

Dewangan, S. R. e Sahu, G. D. (2014b). Variabilidade genética, correlação e análise do coeficiente de caminho de diferentes genótipos de cebola *kharif* nas planícies de Chhattisgarh. *Agricultural Science Digest*, **34** (3):233-236.

Dhotre, M., Allolli, T. B., Hulihalli, U. K. e Athani, S. I. (2010). Estudos de diversidade genética em cebola *kharif* (*Allium cepa* var. *cepa* L.). *Karnataka Journal of Agricultural Sciences,* **23** (5): 811-812.

Dhumal, D., Datir, S. e Pandey, R. (2007).Avaliação do nível de pungência do bolbo em diferentes cultivares indianas de cebola (*Allium cepa* L.).*Food Chemistry* **100**: 1328-1330.

Gautam, I. P., Khatri, B. e Paudel, G. P. (2006).Avaliação de diferentes variedades de cebola e das suas épocas de transplantação para a produção fora de época em meados das colinas do Nepal. *Nepal Agricultural Research Journal* **7:** 21-26.

Giri, S., Thapa, U. e Maity, T. K. (2009). Avaliação de cultivares de cebola durante a época de *colheita* nas planícies de Bengala Ocidental. *Indian Agriculturist* **53** (3/4):97-98.

Gonzalez-Perez, S., Mallor, C., Garces-Claver, A., Merino, F., Taboada, A., Rivera, A., Gupta, R.P., Sharma, V.P., Singh, D.K. e Srivastava K.J. (1999).Effect of organic manures and inorganic fertilizers on growth, yield and quality of onion of variety Agrifound Dark Red. Newsletter NHRDF, **19** (2-3): 7-11.

Hirave, P. S., Wagh, A. P., Alekar, A. N. e Kharde, R. P. (2015). Desempenho de variedades de cebola vermelha na época *da colheita* em condições de Akola. *Journal of Horticulture*, **2**(2): 132.

Anónimos. (2014). Relatório anual (2013-2014). ICAR - Direção de Investigação da Cebola e do Alho, Rajgurunagar, Pune, Maharashtra. p. 19-21.

Anonyms.(2016).Annual Report (2015).ICAR- Directorate of Onion and Garlic Research, Rajgurunagar, Pune, Maharashtra. p. 74 - 77.

Anónimos (2017). Relatório anual (2016-2017). ICAR - Direção de Investigação da Cebola e do Alho, Rajgurunagar, Pune, Maharashtra. p. 63 - 64.

Jatav, R. (2014). Efeito do espaçamento e das variedades no crescimento e no rendimento da cebola *da colheita* tardia (*Allium cepa* L.). Departamento de Horticultura, RajmataVijayaraje Scindia Krishi Viswavidyalaya, Gwalior, R.A.K.College of Agriculture, Sehore, M.P. Kale, S. M. e Ajjappalavara.

Kallai, S., Ravi, R. e Kudachikar, V. B. (2015). Avaliação do nível de pungência do bolbo em cultivares de cebola indiana sob influência de baixas doses de radiação ionizante e armazenamento a curto prazo. *Revista Internacional de Investigação Científica e de Engenharia*, **6** (10):38-49.

Kandil, A. A., Sharief, A. E. e Fathalla, H. F. (2013). Efeito das datas de transplante de algumas cultivares de cebola no crescimento vegetativo, no rendimento dos bolbos e na sua qualidade. *ESci Journal of Crop Production,* **2** (3):72-82.

Kandoliya, U. K., Bodar, N. P., Bajaniya, V. K., Bhadja N. V. e Golakiya, B. A. (2015). Determinação do valor nutricional e antioxidante de bolbos de diferentes variedades de cebola (*Allium cepa*): Um estudo comparativo. *Revista Internacional de Microbiologia Atual e Ciências Aplicadas,* **4** (1): 635-641.

Karak, C. e Hazra, P. (2014). Influência do ambiente no crescimento e no bulbo da cebola (*Allium cepa*) nas planícies aluviais do Ganges de Bengala Ocidental. *Indian Journal of Agricultural Sciences* **84** (4):492-497.

Ketema, S., Dessalegn, L. e Tesfaye, B. (2013) Efeito dos métodos de plantação na maturidade e rendimento da cebola (*Allium cepa* Var. cepa) no Vale do Rift Central da Etiópia. *Etiópia. Journal Agriculture Sciences.* **24:**45-55.

Ketema, S., Dessalegn, L. e Tesfaye, B. (2018). Efeito dos métodos de plantio no crescimento da cebola (*Allium cepa* var. Cepa). *Avanços em Fisiologia Aplicada.***3** (1): 8-13.

Khan, M.A., Rahman, M.M., Sarker, R., Haque, M.I. e Mazumdar, S.N. (2020). Efeitos do tempo de transplante no rendimento e na qualidade da cebola (*Allium cepa* L.).*Archives of Agriculture and*

Environmental Science, **5** (3): 247-253.
Khodadadi, M. (2012). Os efeitos da data de plantação e do tamanho do bolbo-mãe nas caraterísticas quantitativas e qualitativas das sementes de cebola da variedade Red. *Revista Internacional de Agricultura: Pesquisa e Revisão,* **2**(4): 324- 327.
Kumar, D., Bhaskar, P. e Gupta, R. P. (2016). Efeito da data de plantio no crescimento, rendimento e qualidade da cebola rabi. Resumo: Em 2nd Simpósio Nacional sobre Alliums Comestíveis: Desafios e estratégias futuras para a produção sustentável, 7 a 9 de novembro de 2016, Jalna, Maharashtra, Índia. p. 231.
Kushal, Patil, M. G., Patil, S. S., Pampanna,Y. e Kavita, K. (2016). Estudos de variabilidade genética, herdabilidade e correlação em cebola (*Allium cepa* L.).*Green Farming,* **7** (2):361-364.
Lee, E. J., Yoo, K. S., Jifon, J. e Patil, B. S. (2009). Caracterização de cultivares de cebola de dia curto de 3 níveis de pungência com precursor de sabor, aminoácido livre, enxofre e conteúdo de açúcar. *Journal of Food Science,* ***74*** (6): 475-480.
Leja, M., Kolton, A., Kaminska, I., Wyzgolik, G. e Matuszak, W. (2008). Alguns constituintes nutricionais em bolbos de cultivares selecionadas *de Allium. Folia* ***Horticulturae20***(2):39-46.
Liguori , L., Califano, R., Albanese, D., Raimo, F., Crescitelli A. e Matteo, M. D. (2017). Composição química e propriedades antioxidantes de cinco Landraces de cebola branca (*Allium cepa* L.). *Journal of Food Quality,* Volume 2017, Artigo ID 6873651, 9 páginas (https://doi.org/10.1155/2017/6873651).
Mahanthesh, B., Harshavardhan, M., Sajjan, M. R. P., Janardhan, G. e Vishnuvardhana, (2009a). Avaliação de variedades híbridas de cebola para a produção de matéria seca e rendimento na época *da colheita* em condições de regadio na zona seca central de Karnataka. *The Asian Journal of Horticulture,* ***4*** (1): 10-12.
Mahanthesh, B., Sajjan, M. R. P. e Harshavardhan, M. (2009b). Yield and storage qualities of onion as influenced by onion genotypes in *kharif* season under rainfed situation. *Mysore Journal of Agricultural Sciences,* ***43*** (1):32-37.
Mallanagouda, B., Sulikeri, G.S., Hulamani, N.C., Murthy, B.G. e Madalageri, B.B., (1995). Efeito de NPK e FYM nos parâmetros de crescimento de cebola, alho e coentro. *Curr. Res.,* ***24*** (11): 212- 213.
Mandal, J., Acharyya, P., Singh, W. D. e Mohanta, S. (2018). Estudos sobre a produção de conjuntos de cultivares de cebola (*Allium cepa* L.). *Journal of Allium Research,* ***1***(1): 28-31.
Mandal, J., Sharma, A. e Mandal, S. (2015). Atributos de crescimento da cebola *kharif* (*Allium cepa* L.) influenciados pela combinação de nutrientes orgânicos e inorgânicos. *Hort Flora Research Spectrum,* ***4*** (3): 288-290.
Masalkar, S. D., Lawande, K. E., Patil R. S. e Garande, V. K. (2005). Effect of potash levels and season on physico-chemical composition of white onion 'Phule Safed'. *Ata Horticulturae,* **688**: 221-224.
Masthanareddy, B. G. e Sulikeri, G. S. (1998). Performance of different onion cultivars under tungabhadra project area. *Karnataka Journal of Agricultural Sciences* **11**(2): 533-534.
Misu, M. P., Rahim, M. A., Hossen, K., Karim, M. R. e Islam, M. M. (2018). Efeitos das datas de plantio no crescimento e rendimento da cebola de inverno. *Jornal Internacional de Agronomia e Pesquisa Agrícola,* **12** (1): 11-19.
Mohanta, S. e Mandal, J. (2014). Crescimento e rendimento *da* cebola *kharif* (*Allium cepa* L.) influenciados pelas datas de plantação e cultivares na Zona Vermelha e Laterítica de Bengala Ocidental. *Hort Flora Research Spectrum,* **3** (4):334-338.
Mohanty, B. K. e Prusty, A. M. (2001). Performance of common onion varieties in *kharif* seasons. *Journal of Tropical Agriculture,* **39**: 21-23.
Mohanty, B. K. e Prusty, A. M. (2002). Varietal performance of onion in rainy season (Desempenho varietal da cebola na estação das chuvas). *Indian Journal Agricultural Research,* **36** (3):222-224.
Navaldey, B., Ram. R.B. e Singh A. (2016). Variação qualitativa na cebola sob influência da fertilização com enxofre em três períodos diferentes.*The Bioscan,* **11**(1): 189-191.
Nayee, D. D., Varma, L. R. e Sitapara, H. H. (2010). Efeito de vários materiais de plantação e diferentes

datas de plantação no rendimento e na qualidade da cebola *kharif* (*Allium cepa* L.) cv. *Asian Journal of Horticulture* **5** (1): 189-191.

Patil, D. G., Dhake, A. V., Sane, P. V. e Subramaniam, V. R. (2012). Estudos sobre diferentes genótipos e datas de transplante no rendimento de bolbos de cebola branca alta e sólida (*Allium Cepa* L.) em condições de dias curtos. *Ata Horticulturae*, **969:** 143-148.

Patil, R. S., Patil, R.V., Bhalekar, M. N., Magar, S. D. e Gaikwad, S. D. (2016a). Estudos sobre a plantação de conjuntos de cebola para obter a produção precoce de cebola *kharif* cv. Baswant 780. Resumo: No 2° Simpósio Nacional sobre Alliums Comestíveis: Desafios e estratégias futuras para a produção sustentável, 7 a 9 de novembro de 2016, Jalna, Maharashtra, Índia. p. 215.

Patil, R. S., Patil, R.V., Bhalekar, M. N., Magar, S. D. e Gaikwad, S. D. (2016b). Effect of date of planting, storage period and mulching on seed yield of *kharif* onion varieties (Efeito da data de plantação, período de armazenamento e cobertura morta na produção de sementes de variedades de cebola *kharif*). Resumo: 2° Simpósio Nacional sobre Alliums comestíveis: Desafios e estratégias futuras para a produção sustentável, 7 a 9 de novembro de 2016, Jalna, Maharashtra, Índia. p. 228.

Prajapati, B. K., Patil, R. K. e Patel, N. J. (2016). Estudos sobre o efeito da perda de peso fisiológico *de A.* nigeron e alterações bioquímicas na cebola doente com podridão negra. *Vegetos* **29** (3):117-120.

Prasad, B., Maji, S. e Meena, K. R. (2017). Efeito da data de transplante e cobertura morta no crescimento, rendimento e qualidade da cebola (*Allium cepa* L.) cv. Nasik Red.Journal of Applied and Natural Science.**9** (1): 94 -101.

Rajalingam, G. V. e Haripriya, K. (2000). Correlação e análise do coeficiente de caminho na cebola (*Allium cepa* L. var. Aggregatum Don.).Madras *Agricultural Journal*, **87** (7/9): 405-407.

Rajendra Prasad, K. T., Rudramuni, T., Kerure, P. e Ekabote, S. D. (2016). Bhima Raj, uma nova variedade de cebola vermelha para *kharif* e *kharif tardio* para a zona seca central em Karnataka. Resumo: 2° Simpósio Nacional sobre Alliums Comestíveis: Desafios e estratégias futuras para a produção sustentável, 7 a 9 de novembro de 2016, Jalna, Maharashtra, Índia. p.218.

Rajpurohit, S. (2016). Estudos de desempenho de diferentes variedades de cebola *kharif* (*Allium cepa* L.) nas condições do Planalto de Malwa. Departamento de Horticultura, Rajmata Vijayaraje Scindia Krishi Vishwa Vidyalaya, Gwalior, Faculdade de Agricultura de Indore (MP).

Rohini, N. e Paramaguru, P. (2016). Influência das estações no bulbo, rendimento de sementes e qualidade da cebola agregada, *Allium cepa varaggregatum. Revista Internacional de Ciências Agrárias,* **6** (1): 174-183.

Rugi, M. (2017). Efeito das variedades e datas de transplante no crescimento, rendimento e qualidade da cebola *kharif* (*Allium cepa* L.). Departamento de Ciências Vegetais Rajmata Vijayaraje Scindia Krishi Vishwa Vidyalaya, Gwalior, Faculdade de Horticultura, Mandsaur (MP).

Rugi, M., Kushwah, S. S. e Sharma, R. K. (2018). Efeito das datas de transplante no crescimento, rendimento comercializável de bolbos e economia das variedades de cebola kharif (*Allium cepa* L.). *Anais da Pesquisa de Plantas e Solos.***20** (3): 243-249.

Santra, P., Manna, D., Sakrkar, H. K. e Maity, T. K. (2017). Variabilidade genética, herdabilidade e avanço genético em *kharif* Onion (*Allium cepa* L.)*Journal of Crop and Weed*, **13** (1): 103-106.

Sharma, A. K. (2009). Evaluation of onion varieties in *kharif* season under submountain low hill conditions of Himachal Pradesh (Avaliação de variedades de cebola na época *da colheita* em condições de baixa montanha de Himachal Pradesh). *Annals of Horticulture* **2**(2): 191-193.

Sharma, A. K., Bhatia, R. S. e Raina, R. (2009). Efeito das datas de plantação, tamanho dos pegamentos e métodos de plantação na cebola *kharif* (*Allium cepa* L.) em condições sub-montanhosas de Himachal Pradesh.*Vegetable Science*, **36** (1): 74-76.

Sharma, B. L. (2012). Efeito da geometria de plantação no crescimento e no rendimento da cebola *kharif* (*Allium cepa* L.). Departamento de ciências vegetais. Rajmata Vijayaraje Scindia Krishi Vishwa Vidyalaya, Gwalior, Faculdade de Horticultura, Mandsaur (MP).

Sharma, D. e Dogra, B. S. (2017). Avaliação de variedades de cebola *kharif* e tempo de transplante para produção na região noroeste do meio dos Himalaias. *Indian Journal of Horticulture*, **74** (3): 405-409.

Sharma, D. e Jarial, K. (2017). Efeito de diferentes variedades e tempo de plantação na produção de cebola *kharif* em Shivalik Hills inferiores de Himachal Pradesh. *Current Agriculture Research Journal,* **5** (1):74-80.

Singh, A. K. e Singh, V. (2000). Efeito de interação de práticas agronómicas na cebola *kharif* (*Allium cepa* L.).*New Botanist*, **27** (1/4): 115- 118.

Singh, R. K. e Bhonde, S. R. (2011). Estudos de desempenho de híbridos exóticos de cebola (*Allium cepa* L.) na região de Nashik, em Maharashtra. *IndianJournal of Hill Farming* **24** (2): 29-31.

Singh, R. K. Bhonde, S. R. e Gupta, R. P. (2011). Variabilidade genética na cebola (*Allium cepa* L.) *da colheita* tardia (Rangada). *Jornal de Horticultura Aplicada* **13** (1): 74-78.

Soni, A. K. Dhaka, R. S. e Paliwal, R. (2016). Resposta da gestão integrada de nutrientes no crescimento, rendimento e qualidade da cebola Kharif (Allium cepa L.). *Asian Journal of Horticulture* **11** (1) 199-201.

Steen, S. e Benkeblia, N. (2014).Variação de açúcares redutores e totais durante o crescimento de tecidos de cebola. *Ata Horticulturae*, **1047**: 51-55.

Suhas, Y. H., Amarananjundeswara, H., VeereGowda, R., Aravinda Kumar, J. S., Lavanya, V., Doddabasapa, B. e Lakhsmipathi, N. (2016). Desempenho do genótipo de cebola para atributos de crescimento, rendimento e qualidade na zona seca oriental de Karnataka. Resumo: 2º Simpósio Nacional sobre Alliums Comestíveis: Desafios e estratégias futuras para a produção sustentável, 7- 9th novembro, 2016, Jalna, Maharashtra, Índia. p.196.

Walle, T., Dechassa, N. e Tsadik, K. (2018). Rendimento e componentes de rendimento das cultivares de cebola (*Allium cepa* L.) como influenciados pela densidade populacional em BirSheleko, Noroeste da Etiópia. Revista de Investigação Académica de Ciências Agrárias e Investigação.**6** (3)172-192.

ANEXO

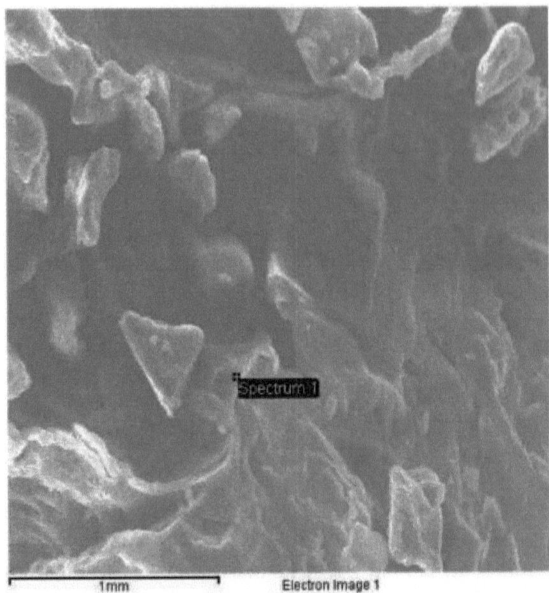

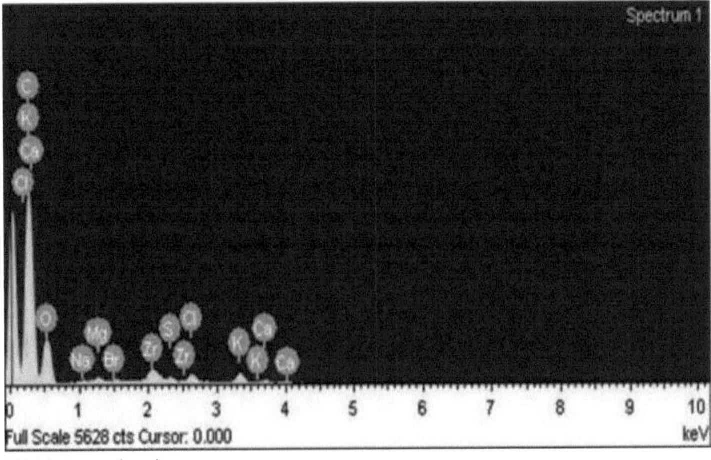

Análise SEM para T1 (D1V1)

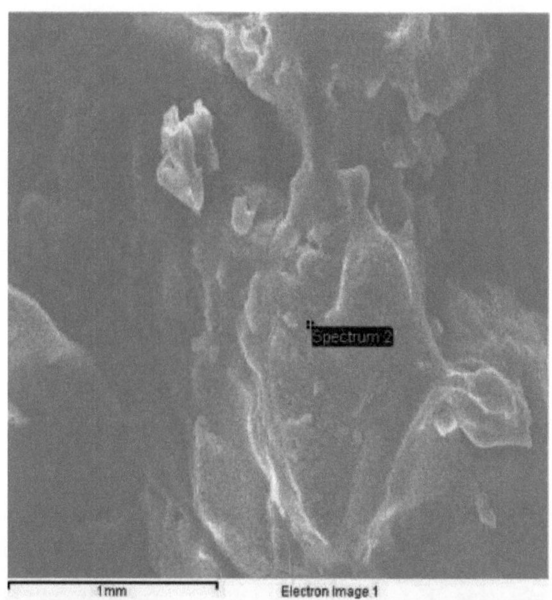

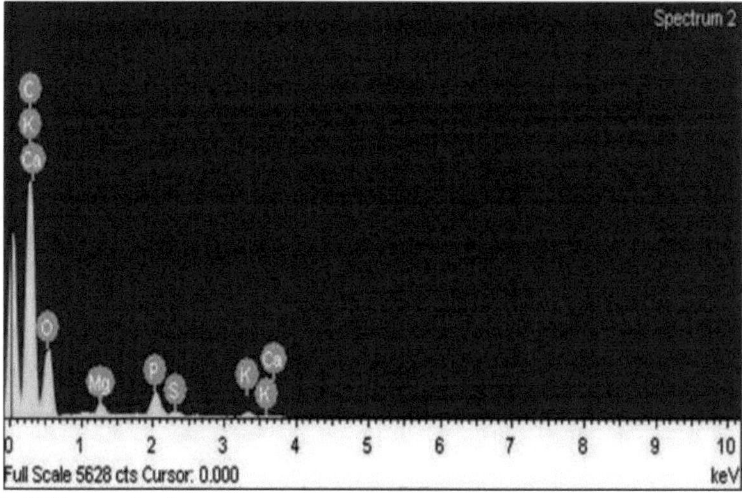

Análise SEM para T2 (D1V2)

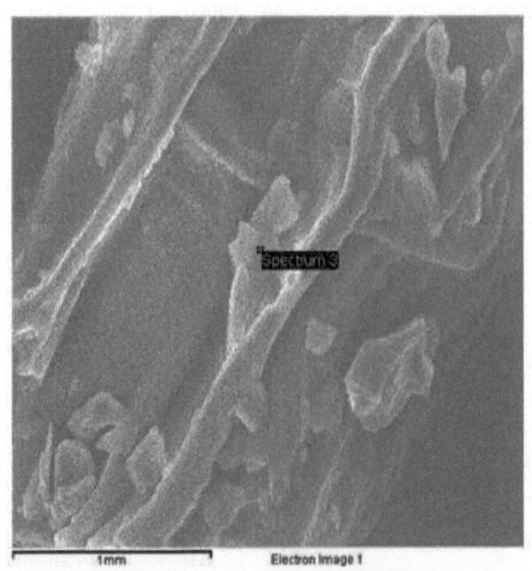
Spectrum 3
1mm
Electron Image 1

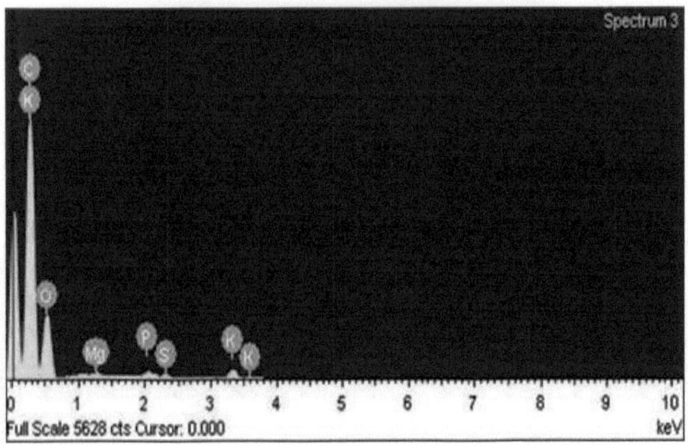
Spectrum 3
C
K
O
Mg
P
S
K
K
0 1 2 3 4 5 6 7 8 9 10
Full Scale 5628 cts Cursor: 0.000
keV

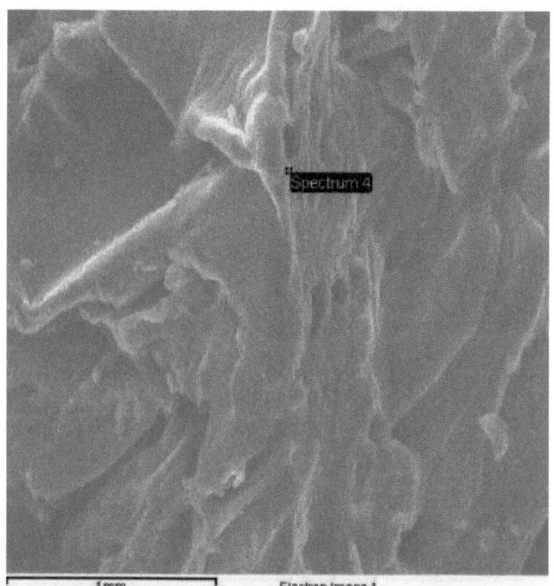
Spectrum 4
1mm
Electron Image 1

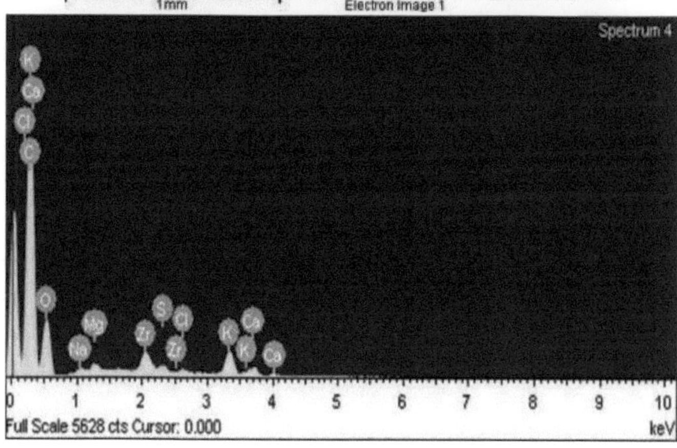
Spectrum 4
K
Ca
Cl
C
O
Mg
Na
Zr
S
Cl
Zr
K
Ca
K
Ca
0 1 2 3 4 5 6 7 8 9 10
Full Scale 5628 cts Cursor: 0.000
keV

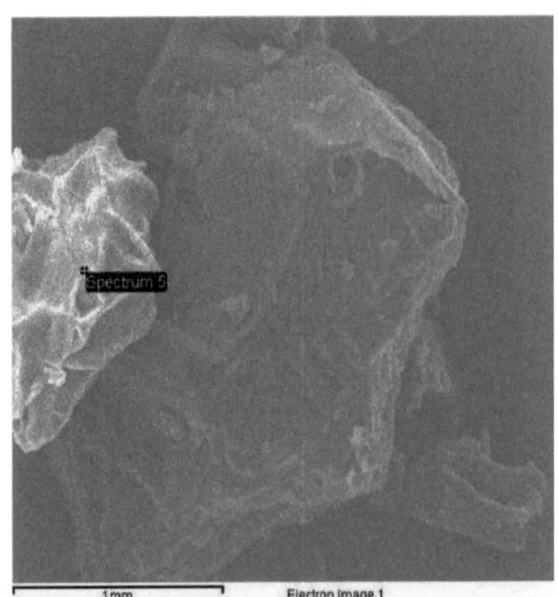
Spectrum 5
1mm
Electron Image 1

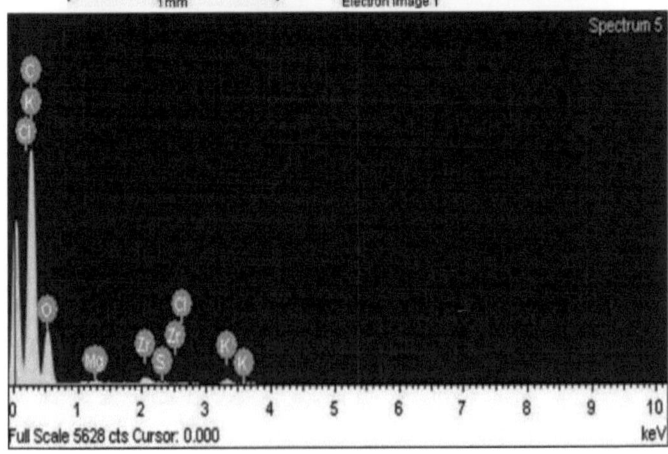
Spectrum 5
C
K
Cl
O
Mo
Zr
S
Cl
Zr
K
K
0
1
2
3
4
5
6
7
8
9
10
Full Scale 5628 cts Cursor: 0.000
keV

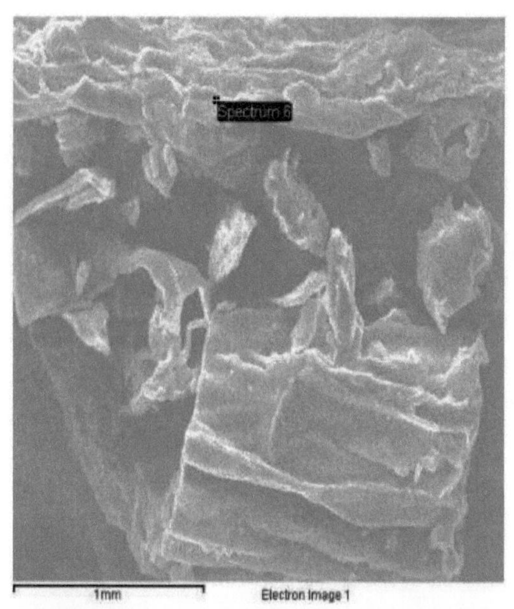
Spectrum 6
1mm
Electron Image 1

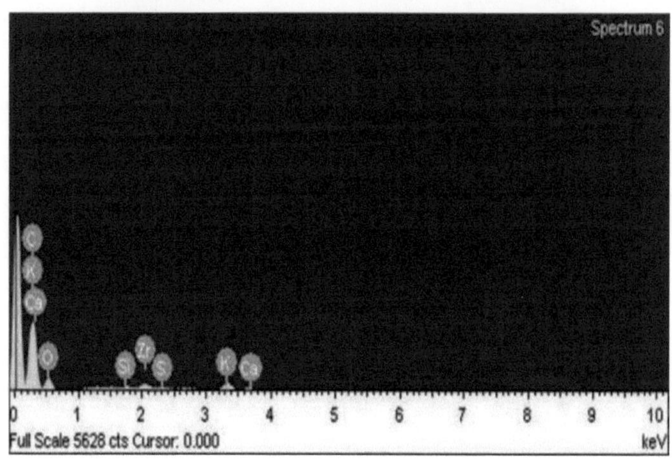
Spectrum 6
C
K
Ca
O
Si
Zr
S
K
Ca
0
1
2
3
4
5
6
7
8
9
10
Full Scale 5628 cts Cursor: 0.000
keV

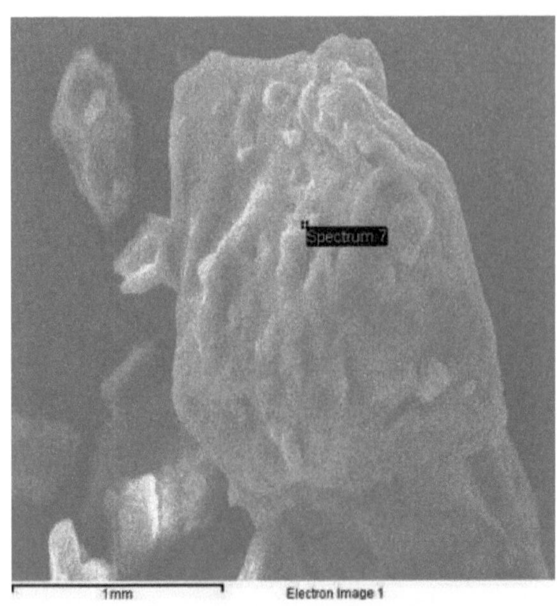
Spectrum 7
1mm
Electron Image 1

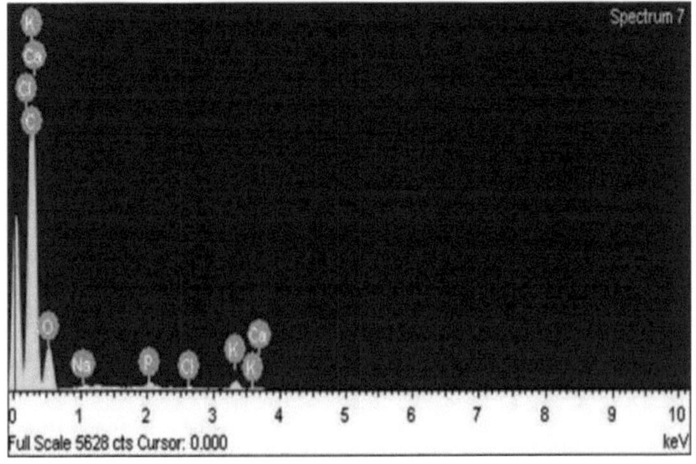
Spectrum 7
K
Ca
Cl
C
O
Na
P
Cl
K
Ca
K
0 1 2 3 4 5 6 7 8 9 10
Full Scale 5628 cts Cursor: 0.000
keV

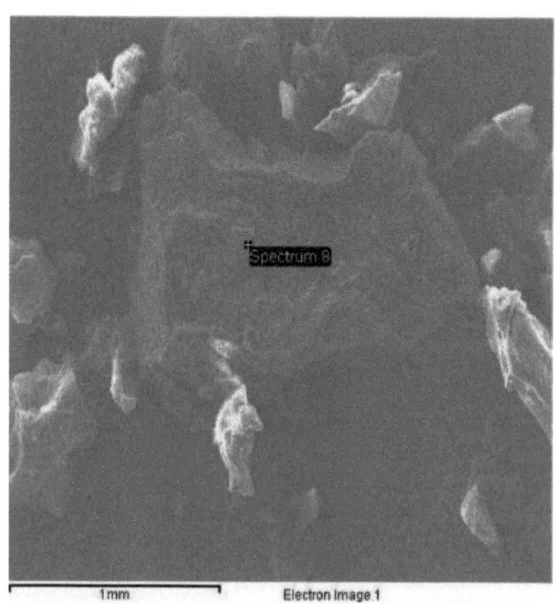
Spectrum 8
1mm
Electron Image 1

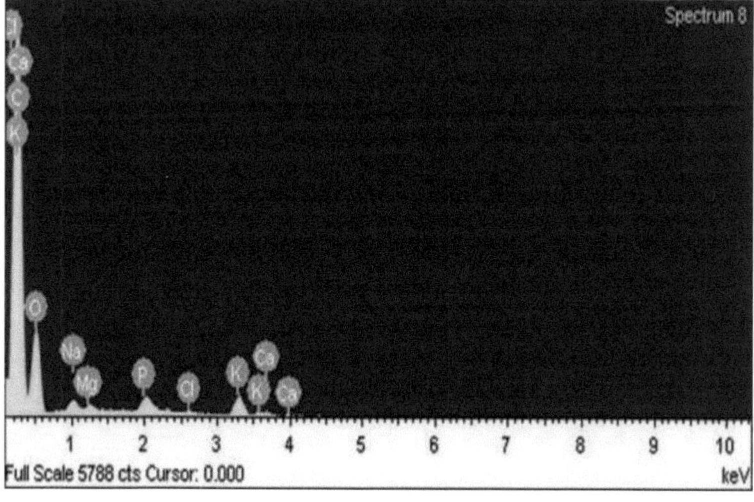
Spectrum 8
Cl
Ca
C
K
O
Na
Mg
P
Cl
K
Ca
K
Ca
1
2
3
4
5
6
7
8
9
10
Full Scale 5788 cts Cursor: 0.000
keV

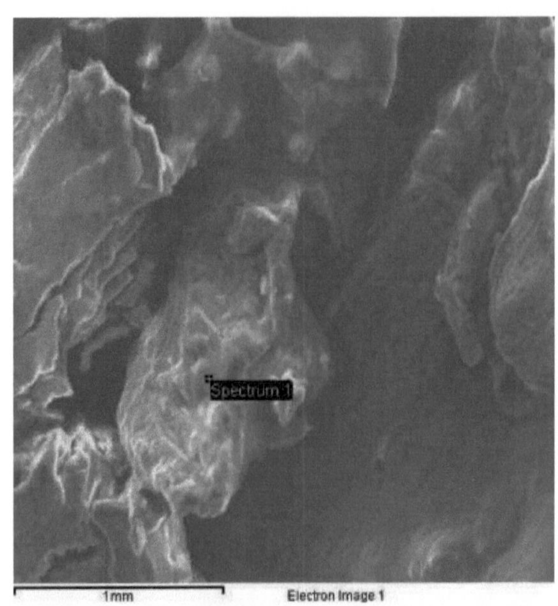
Spectrum 1
1mm
Electron Image 1

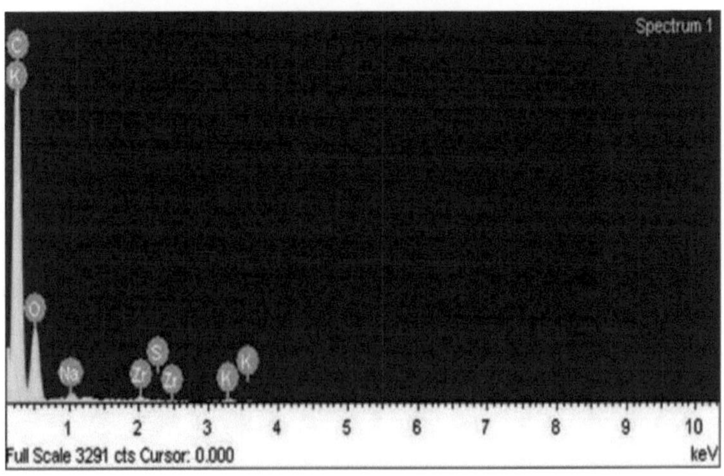
Spectrum 1
C
K
O
Na
Zr
S
Zr
K
K
1
2
3
4
5
6
7
8
9
10
Full Scale 3291 cts Cursor: 0.000
keV

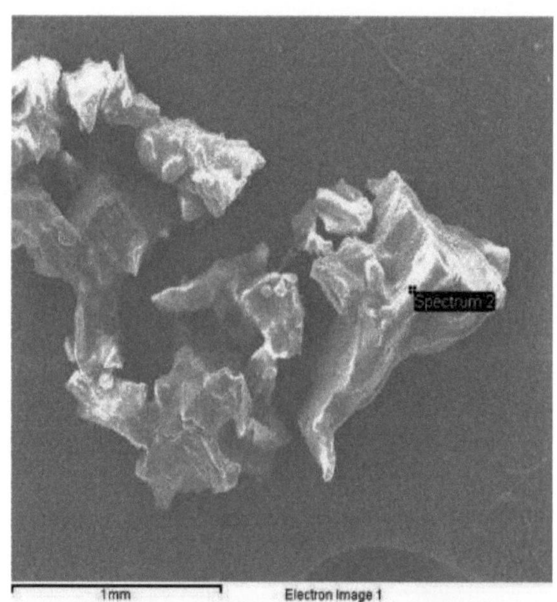
Spectrum 2
1mm
Electron Image 1

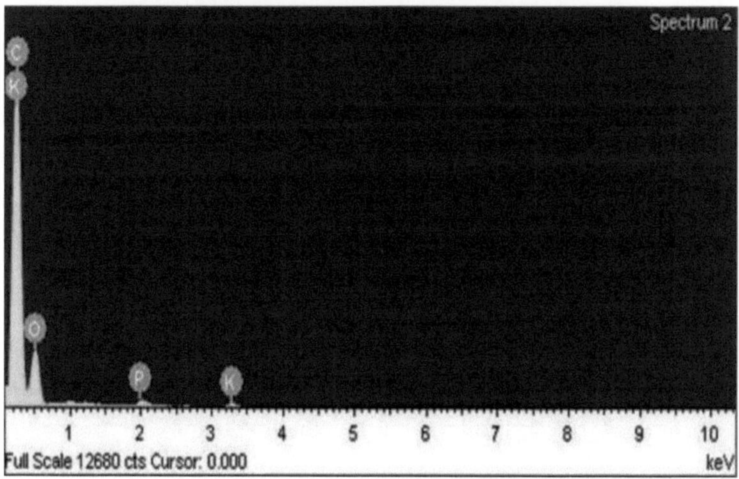
Spectrum 2
C
K
O
P
K
1
2
3
4
5
6
7
8
9
10
Full Scale 12680 cts Cursor: 0.000
keV

Spectrum 3
1mm
Electron Image 1

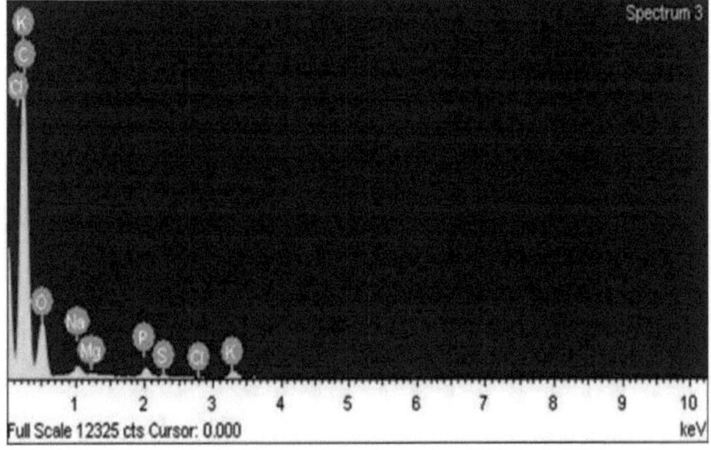
Spectrum 3
K
C
Cl
O
Na
Mg
P
S
Cl
K
1
2
3
4
5
6
7
8
9
10
Full Scale 12325 cts Cursor: 0.000
keV

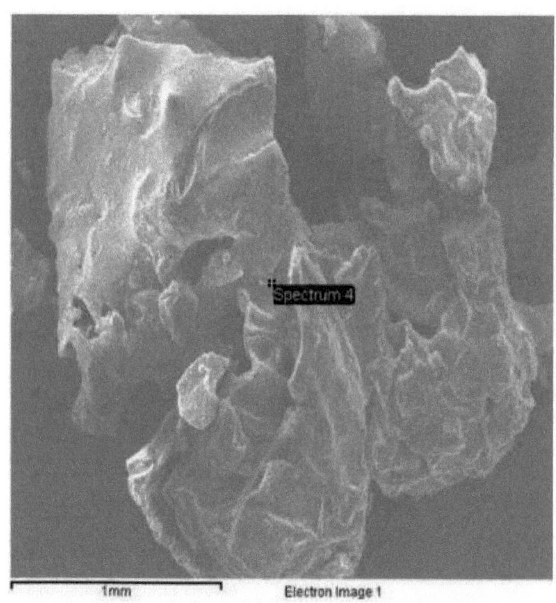
Spectrum 4
1mm
Electron Image 1

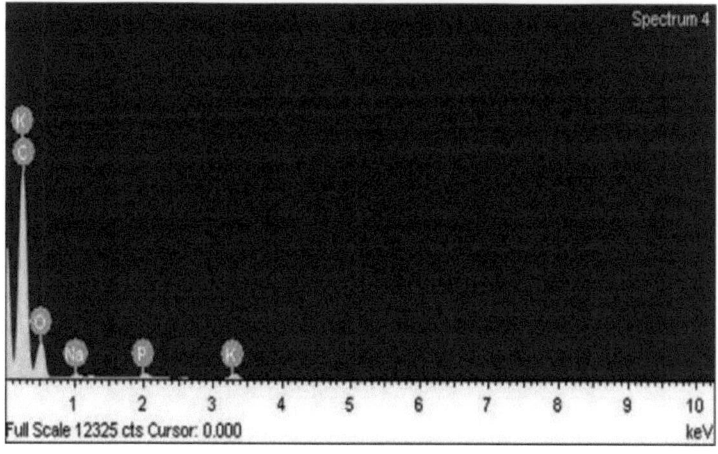
Spectrum 4
K
C
O
Na
P
K
1 2 3 4 5 6 7 8 9 10
Full Scale 12325 cts Cursor: 0.000
keV

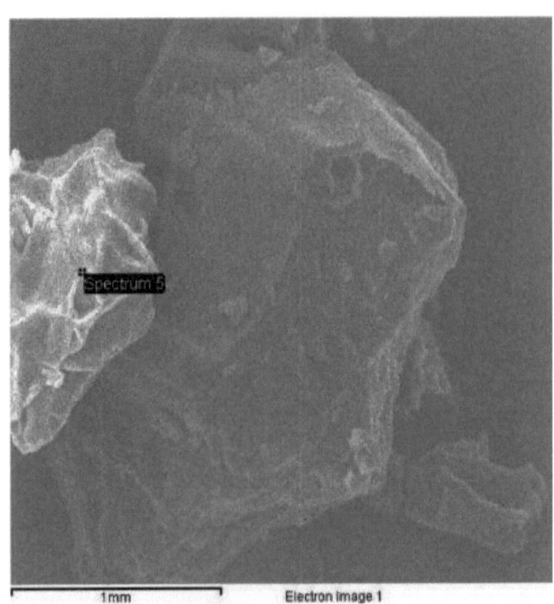
Spectrum 5
1mm
Electron Image 1

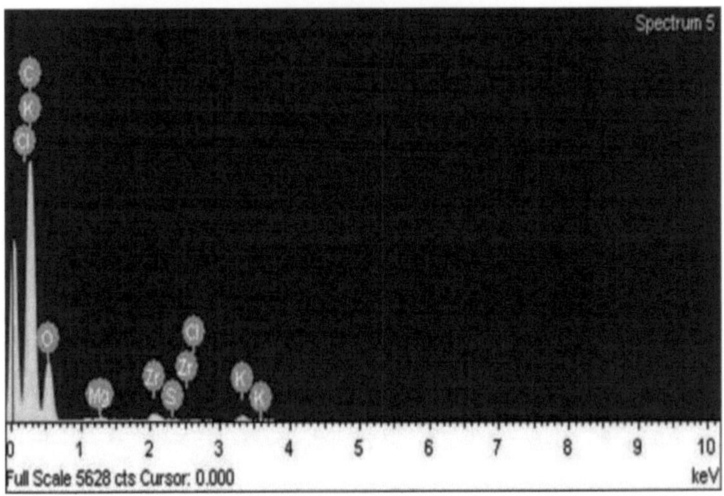
Spectrum 5
C
K
Cl
O
Mg
Zr
S
Zr
Cl
K
K
0 1 2 3 4 5 6 7 8 9 10
Full Scale 5628 cts Cursor: 0.000
keV

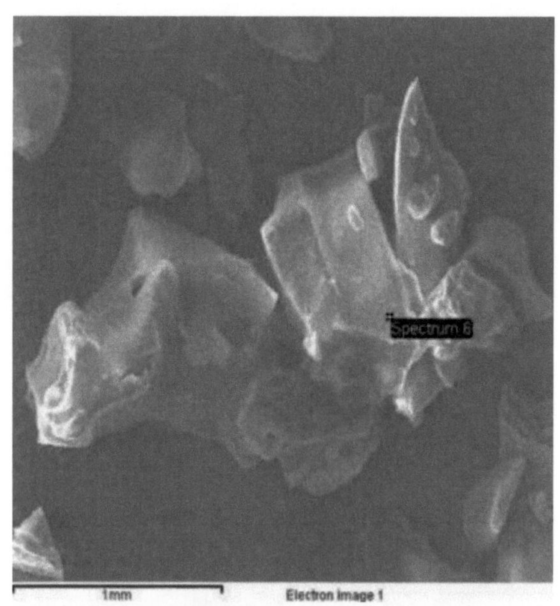
Spectrum 6
1mm
Electron image 1

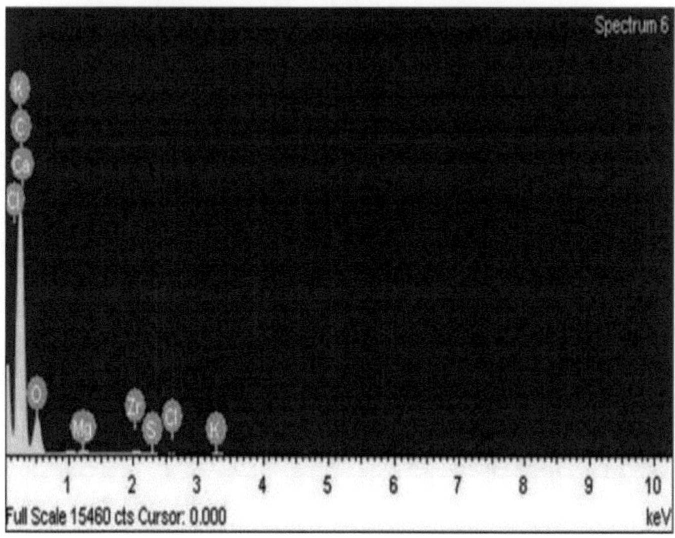
Spectrum 6
K
C
Ca
Cl
O
Mg
Zr
S
Cl
K
1 2 3 4 5 6 7 8 9 10
Full Scale 15460 cts Cursor: 0.000
keV

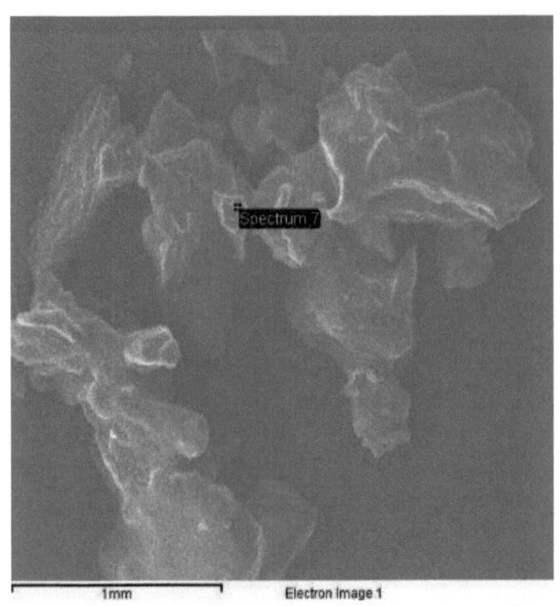
Spectrum 7
1mm
Electron Image 1

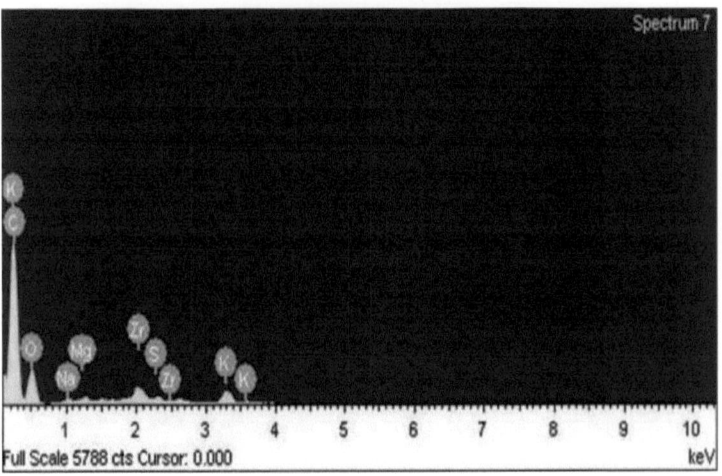
Spectrum 7
K
C
O
Mg
Na
Zr
S
Zr
K
K
1
2
3
4
5
6
7
8
9
10
Full Scale 5788 cts Cursor: 0.000
keV

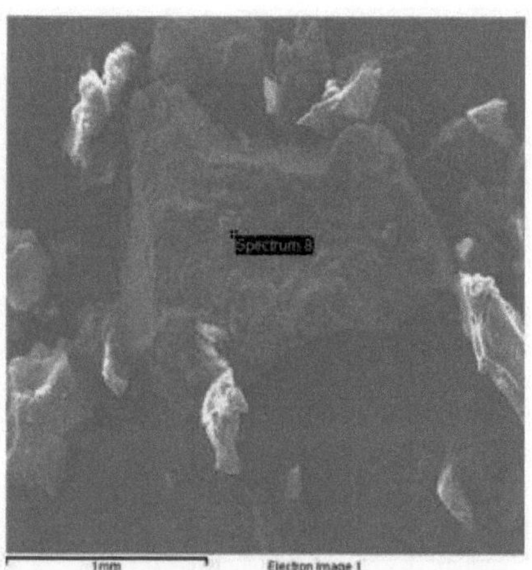

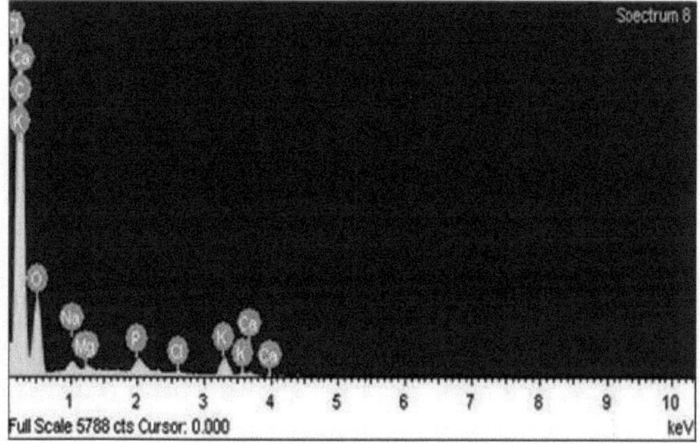

Análise SEM para T15 (D8V2)

Economia de diferentes tratamentos de diferentes datas de transplante de cebola *kharif* (2018-19):

S.N.	Combinações de tratamento (DxV)	Custo comum /ha)	Custo do tratamento (T/ha)	Custo total de cultivo (Rs. /ha.)	Rendimento de bolbos (q. /ha.)	Rendimento da erva Rs. /ha.	Rendimento líquido (Rs. /ha.)	B: Rácio C
Ti	D i xV i - 3 0th agosto	99280	9010	108290	300.87	1878632	1771591.46	16.55
T_2	Vox Dp 30th agosto	99280	9010	108290	318.42	1988214	1881173.66	17.57
T_3	D xVi-10_2th setembro	99280	8920	108200	327.65	2045847	1938805.78	18.11
T_4	D xV -10_{22}th setembro	99280	8920	108200	335.67	2095923	1988882.66	18.58
T_5	D3xVi-20th setembro	99280	8810	108090	351.01	470353	363312.58	3.39
T_6	D3xV -20_2th setembro	99280	8810	108090	357.07	478474	371432.98	3.47
T_7	D4xVi-30th setembro	99280	8769	108049	370.71	496751	389710.58	3.64
T_8	V_2 x D -30_4th setembro	99280	8769	108049	395.87	530466	423424.98	3.96
T_9	D xVi-10_5th outubro	99280	8960	108240	374.42	453423	346381.80	3.24
Tio	V_2 x D -10_5th outubro	99280	8960	108240	362.31	438757	331716.59	3.10
Tn	DexVi-20th outubro	99280	8695	107975	379.5	459575	352533.68	3.29
T12	V xDe-20_2th outubro	99280	8695	107975	364.18	441022	333981.16	3.12
Ti3	D xVi-30_7th outubro	99280	8850	108130	360.02	411143	304102.02	2.84
T14	D xV -30_{72}th outubro	99280	8850	108130	347.21	396514	289473.00	2.70
T15	Vix D -10_8th novembro	99280	9025	108305	337.5	385425	278384.18	2.60
Gravata	D xV -10_{82}th novembro	99280	9025	108305	381.97	436210	329168.92	3.08

Economia de diferentes tratamentos de diferentes datas de transplante de cebola *kharif* (2019-20):

S.N.	Combinações de tratamento (DxV)	Custo comum (T/ha)	Custo do tratamento (<J7ha)	Custo total de cultivo (Rs. /ha.)	Rendimento de bolbos (q. /ha.)	Rendimento da erva Rs. /ha.	Rendimento líquido (Rs. /ha.)	B: Rácio C
Ti	DixVi- 30th agosto	98280	8995	107275	299.57	1305540.59	1199499.77	11.31
T_2	V_2 x D| - 30th agosto	98280	8995	107275	311.07	1355657.59	1249616.77	11.78
T_3	D_2 x Vi-10th setembro	98280	8890	107170	324.15	1412631.17	1306590.35	12.32
T_4	D_2 x V -10_2th setembro	98280	8890	107170	327.82	1428639.56	1322598.74	12.47
T_5	D_3 x Vi-20th setembro	98280	8775	107055	347.15	441223.413	335182.593	3.16
T_6	D xV -20_{32}th	98280	8775	107055	367.97	467694.107	361653.287	3.41

	setembro							
T_7	D_4 x Vi-30th setembro	98280	8940	107220	372.2	473061.963	367021.143	3.46
T_8	V_2 x D -30_4^{th} setembro	98280	8940	107220	391.95	498168.45	392127.63	3.70
T_9	D_5 x Vi-10th outubro	98280	8685	106965	351.97	413568.667	307527.847	2.90
Tio	V_2 x D -10_5^{th} outubro	98280	8685	106965	360.67	423787.25	317746.43	3.00
Tn	D_6 x Vi-20th outubro	98280	9040	107320	377.35	443382.333	337341.513	3.18
T12	V xD -20_{26}^{th} outubro	98280	9040	107320	342.55	402492.333	296451.513	2.80
Ti3	D xVi-30_7^{th} outubro	98280	8860	107140	359	382690.447	276649.627	2.61
T14	D_7 x V -30_2^{th} outubro	98280	8860	107140	336.85	359078.547	253037.727	2.39
T15	Vix D -10_8^{th} novembro	98280	8930	107210	328.32	349992.673	243951.853	2.30
Gravata	D_8 x V -10_2^{th} novembro	98280	8930	107210	376.97	401850.02	295809.2	2.79

S.N.	Particular	Quantidade	Taxa (Rs.)	Total(Rs.)
A	**Custo fixo**			
1.	**Preparação do terreno**			
a.	Irrigação antes da lavoura	1 no.	2000irrigação^{-1}	2000
b.	Mão de obra para a irrigação	2 no.	175 trabalho^{-1}	350
c.	Lavoura com charrua de discos	2 no.	3000 ha^{-1}	6000
d.	Lavoura com cultivador	2 no.	2500 ha^{-1}	5000
e.	Planking	2 no.	1000 ha^{-1}	2000
2.	**Criação de creche**			
	Área do berçário	500 metros quadrados		
	Mão de obra para cama de bebé Preparação	10 não.	175 trabalho^{-1}	1750
	Semente	200g/400Rs, 12 kg/ha	24000	24000
	Mão de obra para a sementeira de sementes	6 não.	175trabalho^{-1}	1050
	Molde de polietileno	600 metros quadrados, 15 Rs/metro	9000	9000
	O polietileno é utilizado para proteger as camas dos viveiros.	10 não.	175 trabalho^{-1}	1750
c.	**Estrume e fertilizantes**			
	FYM	10q	60q^{-1}	600
	Ureia	1kg	5,40 Rs/kg^{-1}	
	Fósforo	1kg	8 Rs/kg^{-1}	
	Potássio	30 kg	30 Rs/kg^{-1}	930
d.	Mulching		300	300
e.	Mão de obra para a cobertura vegetal	2no.	175 trabalho^{-1}	350
f.	Mão de obra para a abertura da cobertura vegetal	2no.	175 trabalho^{-1}	350
g.	Irrigação	2no.	175 trabalho^{-1}	350
3.	**Disposição e transplante**			
a.	Mão de obra para o layout	30no.	175 trabalho^{-1}	5250
b.	Mão de obra para a transplantação	40no.	175 trabalho^{-1}	7000
4.	**Práticas culturais**			

a.	Mão de obra para uma enxada	40no.	175 trabalho^{-1}	7000
b.	Mão de obra para duas mondas	40no.	175 trabalho^{-1}	7000
c.	Irrigação por poço tubular	100 horas.	70 horas^{-1}	7000
d.	Mão de obra para a irrigação	10no.	175 trabalho^{-1}	1750
5.	**Proteção das plantas**			
	Observação de pragas e doenças		5000	
6.	**Colheita**			
a.	Trabalho para Desenterrar bolbo de cebola	20 não.	175 trabalho^{-1}	3500
7.	**Despesas de transporte**	-	-	-
8.	**UP mantém acusações**	-	-	-
9.	**Diversos**	-	-	-
	Custo total da cultura			99280.00

Custo de cultivo

S.N.	Particular	Quantidade	Taxa (Rs.)	Total(Rs.)
B.	**custo (incluindo juros e risco de gestão)**			
1.	**Nutrientes**			
a.	NPK(Recomendado)	Nitrogénio= 100kg Fósforo=50kg Potássio=80kg	Ureia = 217,40kg (5,4/kg) SSP = 312,50 (8/kg) MOP = 133,33kg (30/kg)	1260.92 2500.00 3999.9
	Total			7760.82

S.N.	Particular	Quantidade	Taxa (Rs.)	Total(Rs.)
A	**Custo fixo**			
1.	**Preparação do terreno**			
a.	Irrigação antes da lavoura	1 no.	2000irrigação^{-1}	2000
b.	Mão de obra para a irrigação	2 no.	175 trabalho^{-1}	350
c.	Lavoura com charrua de discos	2 no.	3000 ha^{-1}	6000
d.	Lavoura com cultivador	2 no.	2500 ha^{-1}	5000
e.	Planking	2 no.	1000 ha^{-1}	2000
2.	**Criação de creche**			
	Área do berçário	500 metros quadrados		
	Mão de obra para cama de bebé Preparação	10 não.	175 trabalho^{-1}	1750
	Semente	200g/400Rs, 12 kg/ha	24000	24000
	Mão de obra para a sementeira de sementes	6 não.	175trabalho^{-1}	1050
	Molde de polietileno	600 metros quadrados, 15 Rs/metro	9000	9000
	O polietileno é utilizado para proteger as camas dos viveiros.	10 não.	175 trabalho^{-1}	1750
c.	**Estrume e fertilizantes**			
	FYM	10q	60q^{-1}	600
	Ureia	1kg	5,40 Rs/kg^{-1}	
	Fósforo	1kg	8 Rs/kg^{-1}	
	Potássio	30 kg	30 Rs/kg^{-1}	930
d.	Mulching		300	300
e.	Mão de obra para a cobertura vegetal	2no.	175 trabalho^{-1}	350
f.	Mão de obra para a abertura da cobertura vegetal	2no.	175 trabalho^{-1}	350
g.	Irrigação	2no.	175 trabalho^{-1}	350
3.	**Disposição e transplante**			
a.	Mão de obra para o layout	30no.	175 trabalho^{-1}	5250
b.	Mão de obra para a transplantação	40no.	175 trabalho^{-1}	7000
4.	**Práticas culturais**			
a.	Mão de obra para uma enxada	40no.	175 trabalho^{-1}	7000
b.	Mão de obra para duas mondas	40no.	175 trabalho^{-1}	7000
c.	Irrigação por poço tubular	100 horas.	70 horas^{-1}	7000

d.	Mão de obra para a irrigação	10no.	175 trabalho^{-1}	1750
5.	**Proteção das plantas**			
	Observação de pragas e doenças	4000		
6.	**Colheita**			
a.	Trabalho para Desenterrar bolbos de cebola	20 não.	175 trabalho^{-1}	3500
7.	**Despesas de transporte**	-	-	-
8.	**UP mantém acusações**	-	-	-
9.	**Diversos**	-	-	-
	Custo total da cultura			98280.00

Custo de cultivo

S.N.	Particular	Quantidade	Taxa (Rs.)	Total(Rs.)
B.	**custo (incluindo juros e risco de gestão)**			
1.	**Nutrientes**			
a.	NPK(Recomendado)	Nitrogénio= 100kg Fósforo=50kg Potássio=80kg	Ureia = 217,40kg (5,4/kg) SSP = 312,50 (8/kg) MOP = 133,33 kg (30/kg)	1260.92 2500.00 3999.9
	Total			7760.82

Printed by Books on Demand GmbH, Norderstedt / Germany